色彩的场所精神

——以江南乡镇建筑为例

胡沂佳 著

中国建筑工业出版社

图书在版编目（CIP）数据

色彩的场所精神：以江南乡镇建筑为例 / 胡沂佳著
. —北京：中国建筑工业出版社，2018.6
ISBN 978-7-112-22183-7

Ⅰ.①色… Ⅱ.①胡… Ⅲ.①农村住宅—建筑色彩—
研究 Ⅳ.①TU115

中国版本图书馆CIP数据核字（2018）第093504号

本文的理论研究从色彩之于场所精神的维度出发，以江南乡镇建筑
的色彩作为研究的载体，深入剖析"粉墙黛瓦"的色彩发生机制及江南
诗性的空间文化地理下的乡镇建筑色彩的多元类型。与此同时，将色彩
置入到场所与基因、仿生与结构、质色与物象、印刷与拼贴及知觉与氛
围这五个核心向度来讨论，建构一个建筑色彩本体性研究的方法论体系
与理论模型。

本书可供广大建筑师、城市规划师、风景园林师、环境艺术工作者
等学习参考。

本书为2013年度浙江省哲学社会科学规划课题"之江青年课题"
《现代城市色彩转型理论及其实践研究》（13ZJQN096YB）和2017年
浙江省文化厅文化科研项目《色彩的乡愁——浙南乡镇建筑色彩整体营
造方法研究》（zw2017046）的研究成果。

责任编辑：吴宇江
责任校对：王　烨

色彩的场所精神
——以江南乡镇建筑为例
胡沂佳　著
*
中国建筑工业出版社出版、发行（北京海淀三里河路9号）
各地新华书店、建筑书店经销
北京锋尚制版有限公司制版
天津裕同印刷有限公司印刷
*
开本：880毫米×1230毫米　1/16　印张：10¾　字数：135千字
2018年11月第一版　　2018年11月第一次印刷
定价：**120.00**元
ISBN 978-7-112-22183-7
　　（32078）

序

胡沂佳发来《色彩的场所精神——以江南乡镇建筑为例》的书稿,这令我高兴。她将博士论文转变为专著,可见她毕业后研究工作没有停顿,在越来越忙的工作间隙中,她的选题还是继续得到了深化。她兑现了论文答辩时的承诺,让我感觉这后生可敬。

她的选题,当真深究是有难度的。好在她的本科和研究生阶段有比较扎实的城市学与建筑学科的学缘、学识与学养,有在国际深造的阅历,有相当的实战经验。因而在博士研究阶段,才有勇气就我国复杂的江南传统风貌保护区及发展过程的乡镇色彩现况问题展开研究,探究受损的风貌特色呵护的学理依据和实操的方法系统。

对于工科生进入艺术院校语境的设计学科,以城市色彩作为研究对象,会有一个不易的跨专业适应的问题。表面上,色彩是感知层面的议题,只要人的色彩视觉系统正常仿佛万事大吉。其实不然,如何透过表面现象究其本质,去认识事实上存在着的相当不明晰的价值观,从而把握规律,这是需要有敏锐的眼光与很好的悟性的。所谓的眼光,表现为对客观事物表面色调色味的感受力,所谓敏锐就是迅速把握眼前事物色彩的调性与调式及其表意价值,从而认识其集自然与人文意义的品质,发现其问题,提出对策。如果对象是城乡景观,那么,他或她就必须读出隐在深处的地域人文历史的故事,从而,提出一套具有理想愿景意义的综合保护与有机更新的方案。而所谓的悟性,则表现在能够迅速透过

眼前杂乱的景观,厘清传统风貌区的特质、成型要因与文脉,从地缘文化维度对其进行定位,从而把握那个集地理信息与文化意蕴的"江南"的基本形态、所属类型及特性,以及从更广大的东方地域景观风貌的视野对其诠释,从而,明确个性化的特色彰显的方向,在发展与更新营造的过程中,避免新的雷同的出现。

这是艺术的眼光与工学理性精神的有机结合,它不存在有一个具体的知识指引与明晰的公式的。它需要的智慧的开启,是哲思与学养的考验,还需要通过一系列艺术实验活动过程去获得心得。这不是一个容易的过程。在当下,普遍存在的焦虑不安、急功近利、浮躁的社会行事背景下,恪守是需要这样的眼光、悟性与坚韧的毅力。

好在胡沂佳同学有开朗的性格和积极的人生态度以及雷厉风行的行动力。在研究过程中,她积极参加了美院公共艺术学院的一系列创作活动以及色彩研究所承担的国家与政府的课题。她会因为那些与她过往的经验"太不一样"而兴奋不已,对公共空间注入艺术精神及其表达而发酵出的全新的场所、场景、场境和场域而惊讶不已,其中,玄机、学理、规律、方法等,成为她困惑与好奇的焦点,联系古今中外的类似与相关的实验案例,她仿佛厘清了值得探讨的线索。于是,她开始对相关的理论与实验文献展开探究。

对中国美术学院实践类的博士研究生来说,需要直面国家急需的问题,以国际水平的方法来探究与破解。学校更倡导她的学子,应该像哲人一样思考,像匠人一般劳作。于是,"以子之矛攻子之盾"成为验证研究成果的基本标准。换句话说就是以胡沂佳建构之说,考她的现实实验,看她如何解决自己遭遇的问题,探索

自圆其说的方法。胡沂佳在梳理了"场所"理论之后,她选择了一古一新的"西炉古村"与"甪直新镇"两个案例,来考察当下江南乡镇所面临着传统归隐田园生活方式的保留与守护,新镇与现代化的产业发展接轨拓展的两方面的价值转型,探索色彩如何作为一种人文艺术与技术的资源来重塑传统风貌保护区场所品质的方法。数年过去,她显然是位通过了我和我的同事们比较严苛的"刁难",成为一位成功的闯关者。

如今,她以曾经的"攻防"成功之说成书,并公之于众。应该有助于时下如火如荼的"美丽乡村"提升工程的"操盘手"的思考。同样,这也意味着她将接受更大幅面的考验,我也期待着有识之士对她的"说法"提出批评。在我看来,任何有益的点评,不仅能够帮助年轻的胡沂佳,也将对我有点化的作用,我会因此而收获。因而,在祝贺胡沂佳出书的同时,我也特别怀着期待。

宋建明
于中国美术学院色彩研究所
2018 年 10 月 15 日

前言

本书最初的研究想法，源于 2012 年中国美术学院宋建明教授带领中国流行色协会一行，对南非色彩的考察途中。印象深刻的是，在地域特色鲜明的现场，直面日常生活的情境，宋建明老师针对目光所及的每一处色彩的特征，从现象到本质，沿途一路讲解，受益匪浅，并启发我从地域性的场所精神角度去研究色彩的想法。

本书研究对象选择江南乡镇建筑的缘由在于：其一，在 2009 年时，我跟随宋建明教授参与了由住房和城乡建设部下发的《江南水乡（镇）建筑色谱》[1]标准的编制计划。在这一过程中，作者对于传统江南水乡建筑色彩的发生机制也有了系统的研究和思考；其二，江南是最具东方性诗意的想象空间，有着浓厚的文化底蕴。江南区域的城市已呈现高度现代化、国际化发展的面貌，而江南的乡镇建筑，大多仍然保留着原住民的建筑习惯，其与土地依存关系明晰，与场所精神所涉及的空间文化地理观念相契合。

然而现实却是，一些江南乡镇的建设并未发现自身的价值，而是以"类城市"的思路发展，乡镇建筑色彩的趋同与地域性特色风貌的丧失是其表象之一。"粉墙黛瓦"本应是大江南文化圈里建筑色彩的整体意象，但因误读与滥用，使得原本丰富细腻的色彩品味，被简单僵化地处理为"黑白灰"的无色彩，或是使用与地域文化无关的高艳度、高彩度的色彩，使得空间色彩关系凌乱，乡不似乡，镇不像镇，难觅乡愁。

1

《江南水乡（镇）建筑色谱》于 2001 年完成，是我国第一部建筑色彩方面的行业标准，建标［2009］89 号文件。本标准对江南地区 40 个国家历史文化名镇和 29 个国家历史文化名村的建筑色彩进行了系统调研和归纳总结，由上海市青浦区规划和土地管理局、中国美术学院色彩研究所、中国建筑标准设计研究院、上海同济城市规划设计研究院等有关单位合作编制而成。

本书的理论研究从建筑色彩场所精神营造的维度出发，以江南乡镇建筑的色彩为载体，有序梳理乡镇建筑的内在恒定结构，发挥色彩的调和优势，运用色彩美学的手段，塑造既与当地自然人文景观相协调，又满足自身发展需要的乡镇风貌，并通过实践研究归纳出一套切实可行的乡镇建筑色彩整体营造方法体系，以色彩的方式建构新的乡镇公共空间或领域，以一种开放抽象、直指诉求、兼容并蓄的方式，地域性地处理好建筑与周边环境的关系。

本书的实践研究选择了"西炉古村"与"甪直新镇"两个典型案例。一古一新，折射的是当下江南乡镇所面临着的两个方面的价值转型：一是传统归隐田园式的生活方式的保留与守护，色彩如何呈现发自内核的有机更新；二是新镇与现代化的产业发展接轨拓展，色彩在与古镇协调相宜的同时，如何呈现新江南新镇区未来发展的场所新意象。

近年来的建筑色彩研究大多关注城市领域，对于乡镇色彩的研究相对薄弱。理论研究的相对滞后，导致当前乡镇发展的建设缺乏学术支撑。

在本书基本成稿时，恰逢国家提出"乡村振兴战略""特色小镇""美丽乡村"以及"人工智能"等重大命题，中国迎来新一轮的"上山下乡"潮，各地的乡村、城镇重建正如火如荼地进行。本书的研

究是直面正处于当代江南乡镇转型的进行时状态,与现实的诉求相联系,带着"问题意识"展开的实践型探索。因此不可避免的是,当研究者与研究对象处于同一时空语境时,方法的鲜活性、策略的实验性与时代的局限性并存。

本人的本科和硕士教育均来自理工科的体系,而博士从事的是色彩研究,使我能在艺术院校的氛围中浸润、滋养、受教。色彩是门大学问,其包罗世间万象,感性与理性交融,我游刃其中,收获的不仅是色彩的学识,更多的是通过色彩观察读解世界的方式。

谨以本书感谢一路为我指引并与我同行的人们。

目录

引言

坛子的轶事

Anecdote of the Jar

—— Wallace Stevens

我把一只圆形的坛子
放在田纳西的山顶
凌乱的荒野
围向山峰

荒野向坛子涌起
匍匐在四周,不再荒凉
圆圆的坛子置在地上
高高地立于空中

它君临四界
这只灰色无釉的坛子
它不曾产生鸟雀或树丛
与田纳西别的事物都不一样

诗，首先展现了一幅可联想的色彩画面：原始且苍黄的荒野、突兀的山峰、杂乱的树丛，以及提及的鸟雀，这是一种黯淡的乌黑色，整体呈现出一种未开启的苍茫暗调、荒芜的氛围；而这只坛子，作为非自然的人造物，似乎具有一股神秘的凝聚力量，将荒野迫入一种新的关系之中，坛子的色彩是"灰色无釉"的，未加修饰，是土的本色，对场地已存在对象进行重新建构。

正如克里斯蒂安·诺伯格·舒尔兹（Christian Norberg-Schulz）在《场所精神——迈向建筑现象学》一书中所述："建筑的存在目的就是使得原本抽象、无特征的同一而均质的'场地'(site) 变成有真实、具体的人类行为发生的'场所'(place)。"诗中的"坛子"可以成为建筑的抽离象征，因其介入，将场地中一个个具体的物集结成恢宏的整体。同时，色彩作为最直接的视觉载体和表象要素，是最先将场地中孤立的个体对象带入情境氛围，以其作为触媒，回溯色彩现象与场所结构本质的一体建构，完成了个人与集体记忆的移情，涌现出锚固于这一场所特性的精神所在。

上篇 理论建构

一、转向——色彩之于场所精神

1.1 现象学的"依于本源而居"

场所精神（Genius Loci）的词源来自古罗马，原意为地方守护神。现代建筑学意义上的"场所精神"一词翻译自"Place"，其理论基础来源于现象学（Phenomenology）。现象学研究的出现是基于对科学世界的反思，科学的理性分析将事物抽象成一系列的图表和数据，忽略事物的本体性以及人性的感知，侧重于还原事物的本质。"科学离开了'既有的物'，现象学被视为'重返于物'，反对抽象化与心智的构造，诗带我们重返具体的物，透露了存在于生活的意义。"[2]

"现象学，原词来自希腊文，意为研究外观、表象、表面迹象或现象的学科。"[3] 它是 20 世纪西方流行的一种哲学思潮，其理论奠基人是德国犹太人哲学家埃德蒙德·胡塞尔，其研究的起点为弗兰茨·布伦坦诺的"意向性"（Intentionality）概念，表述了主体与客体之间相互建构的关系，进而提出了"现象就是本质"的概念，核心的研究方法是本质直观与先验还原。

20 世纪作为德国存在主义哲学的创始人之一的海德格尔，深受胡塞尔纯粹现象学研究方法的影响，拓展了以"存在"为核心的本体论现象学。在其"诗意栖居"理论的"具现"中，人的基本需求在于体验其生活情境是富有意义的，艺术作品的目的则在于"保存"并传达意义。海德格尔用现象学的方法来探讨"存在的意义"，并认为现象不光是指物质的表象（Appearance），也存在于意识之中，也是意识的表象。

2

C. Norberg-Schulz. Intentions in Architecture[M]. Olso and London, 1963 : 12.

3

沈克宁. 建筑现象学理论概述 [J]. 建筑师，1996（3）: 70.

海德格尔以探讨人的存在为基础,为将现象学引入建筑学领域,并奠定了理论基础。他在 1954 年收录于《演讲与论文集》的文章《筑·居·思》中提出了人存在于世的基础就是定居。海德格尔对"定居"理论展开了讨论,主要阐述了建筑、栖居、筑造的关系,并强调了住所存在着人与场所的关系,不仅仅意味着建立一个遮蔽所,更加意味着人与环境之间建立起有意义的联系。最后他又提出了满足定居要求的"天、地、人、神"四要素及这四要素的"四位一体"的概念等。

在海德格尔存在哲学的影响下,以"定居"的概念为起点,诺伯格·舒尔兹建立其建筑现象学理论体系,即场所现象学,并在开始的一个较长阶段以主流而存在;建筑领域的现象学的另一重要分支,即梅洛 - 庞蒂的知觉现象学。帕拉斯玛和斯蒂文·霍尔等当代建筑师逐渐创建建筑知觉现象学的一系列理论,均注重空间的知觉特性以及场所体验。

以形而上思维方式为代表的西方哲学所遭遇的危机,在于使人和世界处于一种对象性的关系之中,从而造成了对存在本身的遗忘。从现象学哲学的传承关系中可以发现,现象学首先讨论的是存在主义的"依于本源而居"与"朝向事物本身",这个是对西方哲学形而上学的二元论思维方式的有力变革,不是采用辩证法的思想,而是试图回到本体与现象、主体与客体、感性与理性等尚未分化的本源状态,并且开辟一条保持这种本源和一体状态的思想之路。

《人，诗意地栖居》是海格德尔引用荷尔德林的诗句，表达人类建筑存在的本真。海德格尔在《筑·居·思》一文中指出：建筑的本质乃是人之栖居，也即让人"是其所是"地存在，而能够让人"是其所是"的建筑必定体现为对天、地、神、人四重整体的眷顾和聚集，这一观点与晋代郭璞在其所著《葬书》中的"气乘风则散，界水则止，古人聚之使之不散，行之使之有止，故谓风水"的正统东方学理念下的栖居场所观一致。中国思想发源时就有重现象、重整体性、统一性的特点，从一开始就把二者设想成体用合一的、神秘相应的、以意带气的、混洗不分的属性，倾向于现象地、一元地而不是截然两分地论说身与心，转回到中国语境对于未开蒙混沌时期的易学的哲学概念，亦是中国传统艺术精神与现象学之间存在的某种契合。

1.2 "场"之中国语境

"场,祭神道也"。

——《说文解字》

场,从古代词源上的读解是祭祀的道场。例如北京天坛祈年殿,坐落于大地抬升的汉白玉台基上,蓝色的攒尖屋顶高耸向苍穹,天地间的集结,表现的是一种神与人感应的灵性空间,激发了作为人的神性,有一种特殊神秘的力量存在其中。

对于"场"的理解,在中国文化的语境里,有着丰富的释义。比如道场、登场、立场、剧场等,因人与物的聚集所产生的能量,将某一特定范围内的客观存在的关系进行联结。比如进入寺庙等宗教空间,掩映于环境的建筑、袅袅蔓延的香火、信徒虔诚祈祷的状态等这一系列的感知信息,表现出寺庙这一特殊场所的特征,烘托出让人静心冥想的情境氛围。

因此,场不仅包括其中可见的景观,还包括周遭的互相联系。研究"场"的目的即研究人在其中的体验,并感知气、势、能的存在,以及如何与人的经验、认知、记忆要素等紧密关联在一起,并集结成整体的能量场。

"所",《诗》曰:"伐木所所",伐木声也。这一词源来自于林间劳作的声音,是一种特定的来源与指向。因此,"所"指向一种缘由和归宿,是空间与时间上的某种延续关系,进而指向与之有关的

4

许江.公共艺术、场所与记忆的叠影.第
三届中英视觉艺术中心年会发言,
2010.

5

巢勋临本.芥子园画传[M].北京:人
民美术出版社,1960:275.

6

(德)马丁·海德格尔.依于本源而
居——海德格尔艺术现象学文选.孙
周兴,译.杭州:中国美术学院出版社,
2010:66.

7

宋建明.造型设计基础[M].上海:上
海书画出版社,2000:649.

社群属性。"场所",带着显在和潜在的时空关联性,是在地在时
的凝聚,场所既指向空间,又指向相关的时间与历史,还指向相关
的人群。[4]

在传统中国的哲学思辨以及艺术画论的研究中,"场所"内化的
观点清晰存在。儒家有"大人者,以天地万物为一体者也""仁
者浑然与物同体"之说,道家有"天地与我并生,万物与我齐一"
的观念本体,人被理解为与宇宙空间处于相对平衡、互为包容的
状态。同样,在《芥子园画传》之"人物屋宇谱"中的"桥梁"篇,
其画桥法:"绝涧陡崖以桥接气,最不可少。凡有桥处即有人迹,
非荒山比。然位置各有宜忌,石薄而脊,凸隆如阜者,吴浙之桥
也;桥上架屋压以重石柱,而防奔湍相啮者,闽粤之桥也;更有危
梁陡耸者,宜于险壑,薄石横担者,宜于平沙,他可类推。"[5]"以桥
接气"里的"接"即"集结",所指向的"气"即"场所"的能量,作
为聚集着的物,"桥让大地聚集为河流四周的风景",横亘着的桥
不仅使两岸成其为两岸,更为深刻的是,"通过河岸,桥把这种广
阔的河岸后方的风景带向河流,它将河流、河岸和陆地带入相互
的近邻关系之中",与海德格尔在《筑·居·思》里讨论的桥以其
方式把天、地、神、人聚集于自身比拟[6]的意义相当。

在色彩学的研究范畴里,关于"场"讨论的是观察体味事物的心
境层级。《设计造型基础》[7]一书中,宋建明教授诠释了"造型之
'场'"的概念:从设计造型的角度来研究"场"的问题,是因为具
体的设计活动远非单纯的形与色的技法问题,而是建立在形与色
的物质基础之上的,有着同物质性密切相关的精神的问题。理论
上"场"是无所不在的,但事实上,我们更倾向于认定"场"的存
在是以感染力的大小作为评价的。在其后续的应用篇提到:"'场'

课题的研究,提倡一种整体研究的方式,从作品面对观者的时空
终点(展示)立场出发,逆向式地探索造型和色彩构成的新风格,
酝酿并积极地开发新形态之"场"效应的可能性,从而使创作活
动更具有感染力……去沟通在人们内心'场'信息的记忆,以便
使人们进入设计师预设的氛围中获得共鸣……从而使物化了的
思想——作品,生出'场'效应的附加价值。"

因此,"场所"是创作者进入空间环境的一种综合性的思维路径,
是心境与对象的物我合一,是藏匿秩序的发现开启,是凝聚能量
的聚拢,是从现实存在出发,将客观的对象用人的知觉、记忆、经
验判断、想象与记忆去丈量其存在,以整体研究非二元式的方式
重构空间场域,通过现象直观把握本质。

1.3 色彩的方式

8

芝诺（K.Zenon, b.c336-264），古希腊
哲学家、斯多噶派创始人。

"色彩是物质最初的现象形式。"

——芝诺（Zenon）[8]

色彩是一种媒介,联系着万事万物。

色彩虽然可以包罗万象,但是却无法独立存在,必须依附于特定的载体,流动传递着不同层级的信息,具有能量感染力的天然属性。

诺伯格·舒尔兹在《场所精神——迈向建筑现象学》一书中阐释:"场所是关于环境的一个具体的表达。……场所是存在的不可或缺的组成部分。场所,它不仅意味着抽象的地点,而且它是由具有材质、形状、质感和色彩的具体事物组成的一个整体。总之,场所是具有特性和氛围的,因而场所是定性的、'整体'的现象。简约其中的任何一部分,都将改变它的具体本质。"[9]

9

（挪威）诺伯格·舒尔兹（Christian
Norberg-Schulz）. 场所精神——迈向
建筑现象学 [M]. 施植明，译. 武汉：
华中科技大学出版社，2010.

一个特定的空间群落,在没有人为介入的情况下,场地的要素是一种涣散的状态,将这些既有要素进行集结,从而涌现场所精神有多种方式,可以是一个物品、一个事件,也可以是色彩。

色彩是一种开启视觉的属性,关联着万事万物,并非仅是外化于单纯的视觉要素,因此,色彩是引领自身属性发展的高塑造力,是一种集结与涌现的方式,是一种价值上的依归和导向的力量,激活场所的能量!

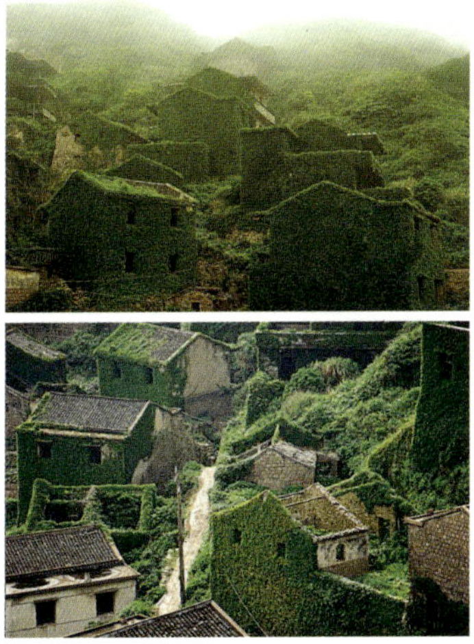

■ 图1

舟山嵊泗嵊山岛后陀湾的"绿野仙踪"
实景

策略一：色彩可以影响建筑群落的视觉效果，更新地域风貌

色彩其本身具备的美学功效，不仅可以调节建筑的比例、尺度，消除场地、形态本身的单调感，也可以通过氛围的营造，渲染空间效果，形成丰富的视觉表征，因此，真正的创造未必是感觉的增量，而是让熟知的世界焕发出新的光彩。

以浙江舟山嵊泗嵊山岛的后陀湾为例，由于岛民的搬迁，这一海岛渔村已经荒芜废弃，处于破败、荒凉、"野渡无人舟横"的冷寂状态。但因海岛环境潮湿，整个渔村的建筑都被爬山虎攀援覆盖，与迷雾缭绕的海岛气候相契合，产生了超现实的距离感，宛若一个绿野仙踪的梦幻之境。纯粹的绿色，融合海岛的雾气，光影的对比，呈现了单一色相丰富的明度变化，自然的大地艺术，充盈着生命力的绿色，整体包裹这一岛屿，造就了独一无二的视觉景观，使得原来无人问津的小岛闻名，并重焕生机。■

策略二：色彩可以揭示隐伏在既有场地中的环境意义，再现本真秩序

在《人，诗意地栖居》一文中，海德格尔思考了诗意的尺度问题（大地之上，天空之下的尺度，而不是科学尺度；丈量这种尺度的工具是人的判断、想象、知觉和情感）和意义的产生，他将这

舟山嵊泗的边礁岙村的色彩改变前后对比

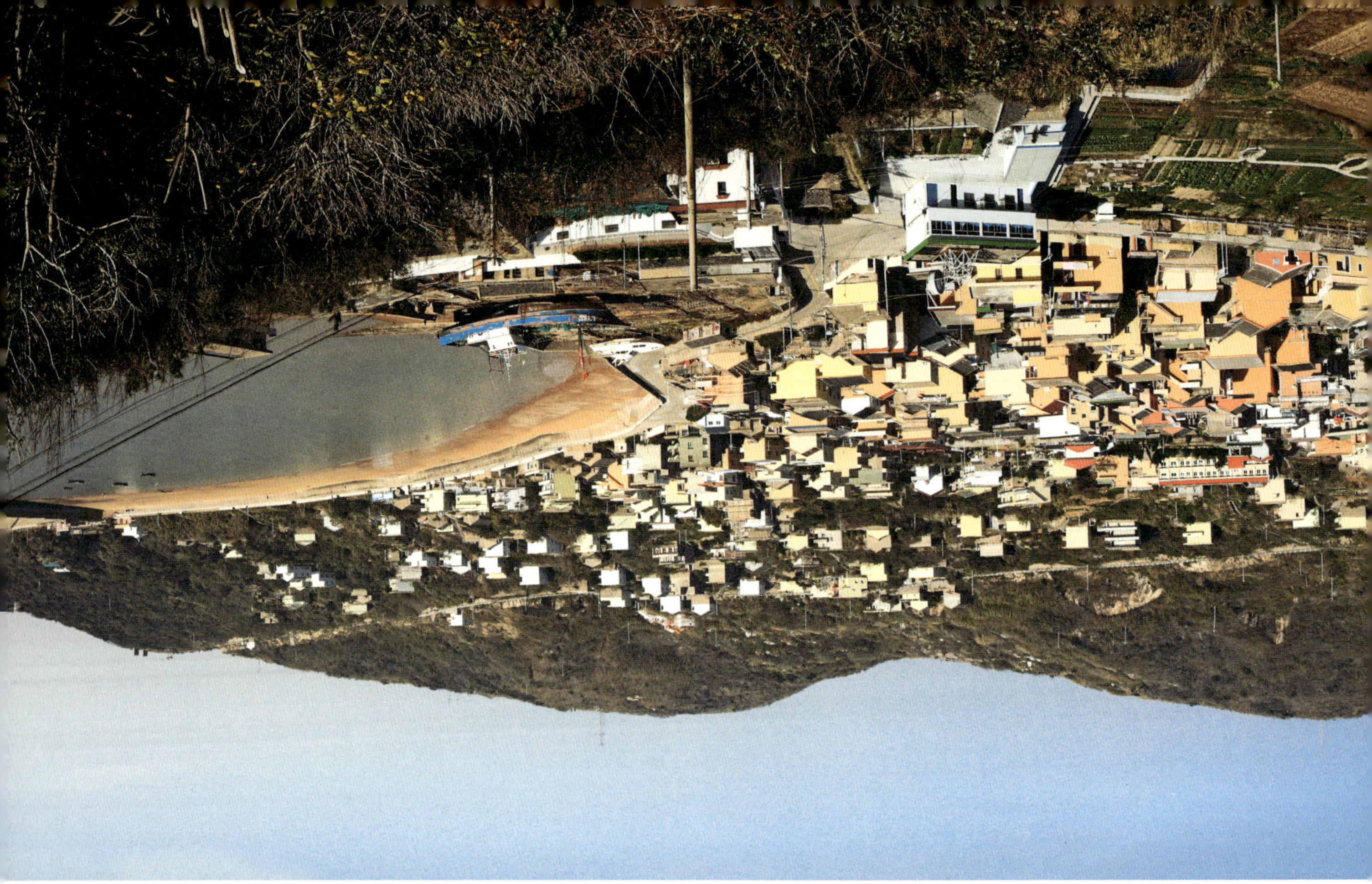

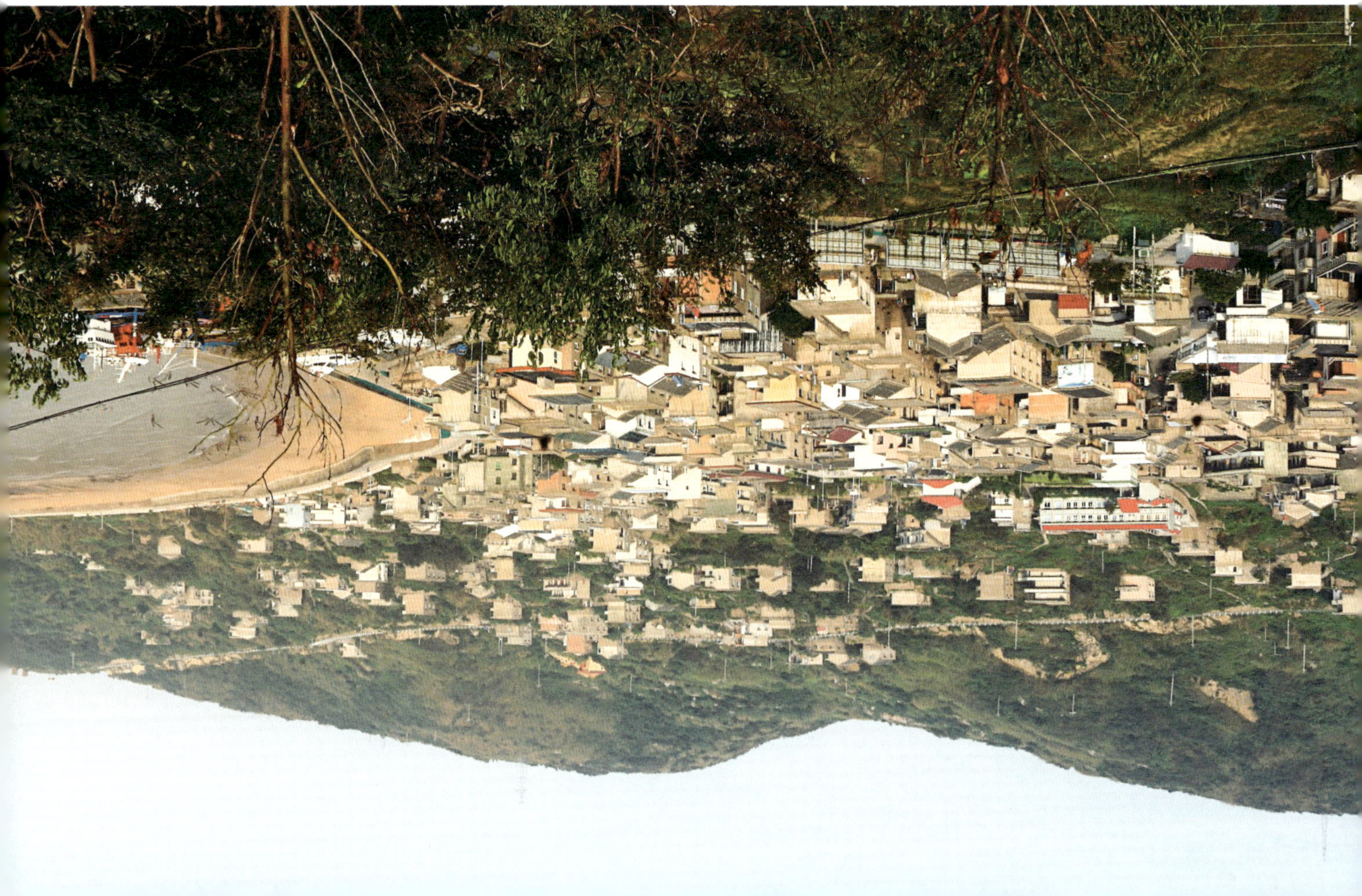

10

翟音.美丽海岛与色彩营造——嵊泗
列岛色彩设计与营造纪实 [J]. 新美术,
2015（5）.

11

布朗诺·陶特（Bruno Taut, 1880-
1938), 德国最著名的色彩学家, 尽管
他的影响力远不及柯布西耶、格罗皮
乌斯或者赖特等其他大师, 但他在建
筑色彩这一领域, 有着特殊的贡献。
他的色彩方案使得柯布西耶惊呼"天
哪, 陶特是个色盲！"

描述为"在召唤中一个彰显出来的词被找到, 以及一种直觉在飞
驰的瞬间闪烁", 如他一直描述的桥的集结情形, 在此之前, 地景
的意义被"隐藏"起来, 桥的构筑, 公然地将意义引导出来, 色彩
的介入亦是。

嵊泗的边礁岙村, 本是"东海石头村", 灰调斑驳, 保留着舟山海
岛群的整体色彩原始风貌的特征。中国美术学院色彩研究所团
队通过地域性色彩的调研和设计实施, 使整个村庄复兴。在基于
整体场地细致的观察中发现,"当地的石头墙面色彩非常丰富有
层次, 涵盖了暖黄、暖红和棕褐等色系。整个村落坐东朝西, 在夕
阳西下的时候, 阳光照在这些石头墙上, 会散发出斑斓、厚重、温
馨、迷人的色彩, 与山体和大海的结合非常生动。"[10]

色彩设计师正是从村落场地的地理空间格局切入, 揭示其坐东朝
西的位置与太阳东升西落的光影效果的特殊意义, 深入解读了边
礁岙村地域性色彩的构成原理和发生方式, 用色彩家族的谱系秩
序归纳和提炼出其用色总谱, 有如海德格尔的"桥", 用色彩的语
言, 整体地营造出夕阳下边礁岙村, 专属于本场地的迷人景色, 并
将这一瞬间的色彩画面定格。

策略三：色彩可以引领社会性的思考与精神归属, 重构地域价值

柏林郊区的法尔肯贝格新镇区的住宅(Berlin-Grunau), 是德国
魏玛时期低收入人群的居住区, 由布朗诺·陶特（Bruno Taut,
1880–1938) 于 1915 年完成。[11] 新镇建筑的亮点是建筑的色彩
表现力, 表述了建筑与城市肌理的关系, 并用普通涂料替代昂贵
的雕刻和装饰结构, 达到理想的效果。建筑细节上的色彩对比,

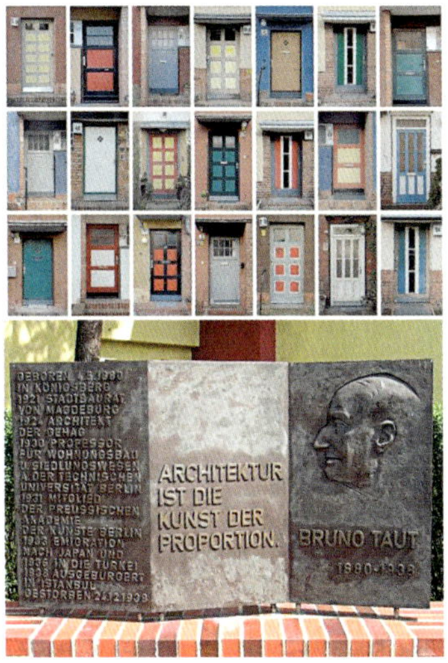

图 3

陶特设计的法尔肯贝格新镇区的住宅

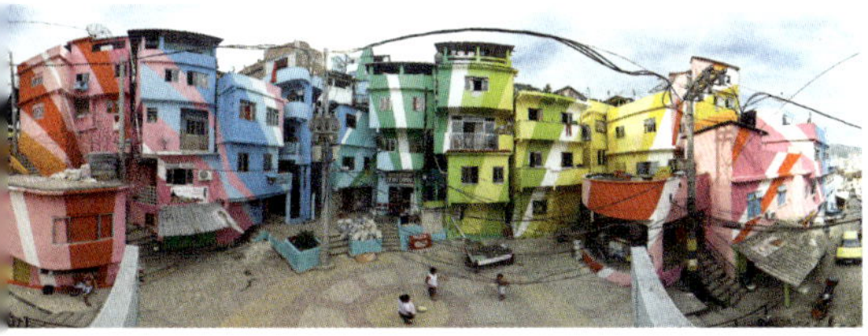

图 4

"Favela"贫民窟色彩改造后的面貌

例如窗、挑檐、栏杆、庭院、木制阳台栏杆等,在增强立面效果的同时,也协调了整体建筑风格。

以这个住宅区为主要代表的柏林现代住宅集群后来被列入世界文化遗产名录。入选理由是,通过色彩设计的革新,对改进低收入人群的住房条件起到很大的作用,并且在千篇一律的白色派现代主义建筑中,贡献了新的类型,兼具技术与艺术的美感。

再如巴西振兴贫民窟计划,里约热内卢的"Favela"是当地条件最差的贫民窟,荷兰的两个艺术家 Jeroen Koolhas 和 Dre Urhahn,为了重整贫民窟,以色彩的方式介入,把房子和周围的建筑都刷成了彩色,并不是用艺术去伪装这个区域,而是为了振兴贫民窟并达到积极的社会效果,用鲜艳的色彩告诉人们,尽管这里是贫民窟,但是住在这里的人们依然努力生活、积极向上。

因此,在陶特与里约热内卢的贫民窟色彩案例里,色彩已经成为一种社会性的思考,用色彩颠覆贫困印象,并且以相对低的造价与投入,取得几何倍级的社会效应,以及地域的文化精神归属。建筑是一个生活的容器,日常的物质与精神都投射在这建筑的形象上,色彩是其内质的外在彰显,通过色彩的方式,激活其隐藏的意义,再赋价值。

二、江南,作为范本

2.1 诗性的表征

江南,是一个变动不定的历史概念,一个与"中原""塞北"等区域概念相并立的词汇,也构建着我们意象中烟雨渺茫、与自然万物生长、共栖一地的诗性存在。

据考证,"江南"之词始见于春秋时期,时指楚国郢都(今江陵)对岸的东南地段,范围极小。[12]《史记·秦本纪》中亦载:"秦昭襄王三十年,蜀守若伐楚,取巫郡,及江南为黔中郡。"战国时期,楚在长江南岸拓地日广,江南的范围亦随之向东南扩展,延及今武昌以南及湘江流域。[13]屈原《九章》:"目极千里兮,伤春心。魂兮归来,哀江南!"秦汉时期,江南主要指长江中游以南的地区,即今湖北南部和湖南全部、南达南岭一线。唐宋时期,江南既可以指长江中游,也可以指长江下游。岑参的《春梦》"枕上片时春梦中,行尽江南数千里"中的"江南"指长江湘江流域。[14]

我们当下所理解的江南一般指的是江浙一带。明清时期,因经济和文化较发达,文人墨客诗性的精神与吟词咏赋都往此转移,江南这一概念所在的地域,在文化的空间地理上实现了由东及西、由大及小的转换。因此,"江南不只是一个地域区块的概念——随着人们地理知识的扩大而变易,而且还有经济意义——代表一个先进的经济区,同时又是一个文化概念——透视出一个文化发达区的范围。"[15]

12
徐茂明.江南士绅与江南社会 [D].苏州:苏州大学,2001.

13
同上

14
徐茂明.江南的历史内涵与区域变迁[J].史林,2002:23.

15
周振鹤.释江南[J].中华文史论丛,1998,49:147.

以江南为对象的研究甚多,包括对江南的研究方法划分,有着不同的类型标准,比如行政管理区块的划分、自然地域边界的划分、政治经济的划分、方言口语的划分以及诗性美学意境的划分等。在笔者看来,如今的"江南",不仅仅是地理位置的界定,更是一种审美的判断和长期积淀的文化心理的外显和隐喻。本书所研究的江南乡镇建筑色彩,着重从江南的审美意象出发,在现实空间的划分中,经济发达的长三角城市圈已在地理空间涵盖了当代江南的意义边界,范围锁定为长江下游以南的赣东北、皖南、苏南和浙江全省。

"仓廪实而知礼节",江南具有丰厚的财富,高度的文化自觉。选择江南作为色彩场所精神营造的样本,还在于江南有着与生俱来的诗性本色,以及千百年来在文人墨客心中久久萦绕的情结。"与北方那种充满政治伦理内涵的诗性文化不同,江南诗性文化在气质上完全是艺术的与审美的……(中国诗性文化)有两个系统,一个是以政治伦理为深层结构的"北国诗性文化",另一个是以审美自由为基本理念的'江南诗性文化'。"[16]

"江南好,风景旧曾谙,日出江花红胜火,春来江水绿如蓝。能不忆江南。"

——白居易《江南好》

"春未老,风细柳斜斜,试上超然台上看,半壕春水一城花,烟雨暗千家。"

——苏轼《望江南·超然台作》

"烟柳画桥,风帘翠幕,参差十万人家。云树绕堤沙。怒涛卷霜雪,天堑无涯。市列珠玑,户盈罗绮,竞豪奢。"

——柳永《望海潮·东南形胜》

16
廖明君,刘士林.在江南探寻中国民族的诗性精神——刘士林教授访谈录 [J].民族艺术,2006:33.

"烟水吴都郭，阊门架碧流。绿杨深浅巷，青翰往来舟。朱户千家室，丹楹百处楼。水光摇极浦，草色辨长洲。"

——李绅《过吴门二十四韵》

无论是白居易的"能不忆江南"，或是苏轼心中的"春风""细柳""烟雨""千家"，江南在诸多文人骚客的心目中，已是一种虚化的审美形象。江南在空间地理上是青山绿水、芳草碧连天的色彩意象，更是寄寓了存留在诗人心灵深处那种唯美的人生理想，凸显出蛰伏在诗人心中那种诗性本体的情怀。久居江南的历代文人士大夫，徜徉在风花雪月的诗性园林中，内化于生活的思考与日常的感悟，通过诗词歌赋的不断诠释与思考，诗与人文的相互浸润，成为江南一种恒久的文化传承与想象的力量。

而这种文化的力量，也往往成为人生遭遇挫折时，通过自然美景的咏怀而感悟人生、抚慰心灵的一种独特的审美方式。东晋六朝以来，大多数从北方南迁的人士，在饱经人世沧桑和人生苦难之后，那种受政治压迫而产生的情感转移，使之在江南秀丽的自然山水当中，通过自己的心灵感悟和沉醉的审美感怀，获得了最适合的审美心理的对应，使得主体对外部客体的物象，总是具有极其敏感的审美意识特征，建构了主体抒发情感、展现生命自由情怀的一种诗意栖居的人生范式，也提供了一种认识世界、表现人生的认知视角和审美方式。[17]

17
黄健. 江南文化的历史变迁与文学的发展 [J]. 区域文化与文学研究集刊，2016：7.

2.2 粉墙黛瓦

2.2.1 字面的误读

提及江南建筑,"粉墙黛瓦""小桥流水人家"这些既婉约而又诗意的词汇总是被用以描述,尤其"粉墙黛瓦"一词,已成为大江南文化圈里建筑色彩的整体意象。

"粉墙黛瓦"指的是白色的墙,黑色的瓦。从古代建筑风水学的角度,金坐西方,天干为庚、辛,为白色,神兽白虎;水坐北方,天干为壬、癸,为黑色,神兽玄武。古代房屋多为木质较怕火,所以使用黑色的水瓦起到克火、灭火的效果;而风水上白色的墙为白虎,可以用来压邪辟邪。

"粉墙黛瓦"之"粉",《说文解字》释为:粉,傅面者也。意指米粒辗磨碎裂后形成的细微屑末,在建筑上指的是"石灰"。

"泜水东出房子城西,出白土,细滑如膏,可用濯绵,色夺霜雪,光彩鲜洁,异于常绵,俗以为美谈,言房子之圹也。"

——郦道元《水经注》

"凡石灰,经火焚炼为用。成质之后,入水永劫不坏。亿万舟楫,亿万垣墙,窒隙防淫,是必由之。"

——宋应星《天工开物·石灰》

石灰是建筑饰面的基本材料,本身有着防潮、防虫的功用,且偏白色的色调在环境中可以反射光线,在远古时期就被先人用作调节和补充室内光照,因此,在江南地区应用广泛。

"粉墙黛瓦"之"黛",《说文解字》释为：青黑色的颜料,画眉的墨,古代用来勾勒美人的眉梢。黛瓦,质坚色黑,又称青瓦。传统的瓦一般是以黏土为主料,经过成型、干燥、手工烧制而成,根据烧瓦窑中的温度等条件的不同以及工艺的差异,瓦片呈现出的色彩主要有青黑色和深黑色两种,青黑瓦会在日积月累的风雨洗涤中、苔藓生长中慢慢氧化成深黑色。同时黛瓦,并非是一种简单的建筑材料,而是一种屋顶构件,与屋脊、椽子结合,起到屋顶防火、防水的重要作用。

江南,在夏、商、周时代称作东夷,江南的政治、经济、文化均大大落后于中原,是荒蛮之地。但在汉唐以后,从民居角度讲,第一个高峰始于南宋。宋室南渡,定都杭州,政治中心南移,刺激了江南人口发展和建筑业兴旺。

江南,同时是南宋理学家活动的大本营,为民居的形制、风格形成提供了文化条件。今天所见的村镇面貌基本是宋、明、清代形成的。宋代的"理学"主张"文皆从道中流出",《朱子类语》上述之文即形式,道即理、即美、文之根本。理入诗、入画、入建筑。今日江南民居"粉墙黛瓦"的特点,也受理学的影响,趋于理性的无色之色,演绎出简淡的江南建筑语言。[18]

正是因为"粉墙黛瓦"这一深入人心的观念,使得当下诸多江南地区乡镇建筑仅从字面读解、处理,变成简单的"黑白灰"的颜色,而非关系。譬如某地方政府规定,有保护价值的古镇、古村都要按"徽派"风格,编制保护规划,把握"青山、绿水、粉墙黛瓦"的主格调[19],并在一些重要的公路等视线节点范围内一律采用坡屋顶形式,整体外观形象规定必须是白墙、黑瓦、马头墙[20],甚至

18
丁俊清.江南民居 [M]. 上海：上海交通大学出版社，2009：37.

19
程实.黄山市以"粉墙黛瓦"统一建筑风格 [J].城市规划通讯，2002，13.

20
程实.黄山市以"粉墙黛瓦"统一建筑风格 [J].城市规划通讯，2002，13.

有些建筑只是把临街的立面重新刷白。

现实中,这些强制规定做法的问题在于对江南传统乡镇建筑色彩"粉墙黛瓦"的发生模式未进行深入挖掘,对建筑色彩的本质特性未加了解,建筑的保护与控制缺乏科学的依据,直接以三种颜色定义了色彩丰富的关系。

"粉墙黛瓦"所指向的"黑白灰",不是简单的三个颜色,在色彩立体的向度构成中属于明度的范畴,体现的是由黑到白整体明度的层次渐变,但在色相环上可呈现丰富的低艳度变化。比如黑可以分为青黑、深黑、栗黑、蓝黑等;白色根据施工材质的不同,有暖白、乳白、米白等;灰的层次变化更为微妙,浅灰、赭石灰、蓝灰、豆灰等,这些或冷或暖,或深或浅的黑白灰的色彩关系,与建筑的体量造型结合,形成色彩与空间的有机组合,共同诠释着江南水乡建筑的整体意象。

2.2.2 多元的地理

"粉墙黛瓦"是江南建筑色彩的第一直觉的联想,但事实上并非是全部江南乡镇建筑色彩的所指。江南区域有着多元的空间文化地理,"黄泥夯土""青砖叠涩""木栏瓦舍""石屋垒墙"等因历史的积淀,所酝酿的类型丰富,呈现多样的色彩表情。

江南在当代自然地理意义上是"长江三角洲区域,沿江地理现象多样,集山丘、河流、平原、湖泊、大海于一体,发育了从震旦系到第四系一套完整的地层,其西部的宁镇山脉地质研究较早,被誉为'中国地质学的摇篮'。东部的太湖平原、长江河口平原等是

21

赵媛.长三角沿江地区地理综合实习指导纲要 [M]. 北京：科学出版社，2013：7.

研究第四纪构造运动、平原地区河流水文特性、泥沙沉积规律及河口区河海相互作用的重要场所。"[21] 因此，丰富的自然地形地貌，一方面，受地理气候特征的影响，就地取材，建筑的色彩与当地的地形地貌互融共生，另一方面，受到天人合一、风水等观念以及传统社会等级秩序的影响，大部分建筑色彩最后的发生与继承，也是自然与政治环境共同选择的结果。

再者，江南的空间文化地理，基本是依水孕育而发生的。如古建筑学者陈从周先生所言："城濒大河、镇依支流、村傍小溪"，传统的江南乡镇依水而居，因水而兴，根据"江、河、湖、海、溪、塘"等多样的水环境，大致可划分为水网平原、山丘缓溪和滨海河口三种主要类型。

"水网平原"，以杭嘉湖地区的水乡建筑集群为代表，这也是江南的核心意象所在。江南的六大古镇——周庄、同里、用直、西塘、乌镇以及南浔，宅院四合、枕河而居、夹岸为街，相似的自然人文环境沉淀了水乡共性的文化基因，但每个古镇因具体的地理空间的差异，在色彩上也体现出细节的微差。好比用直的河道相较于其他水乡更为窄些，立面建筑的色彩更黯淡些；另外乌镇，因其墙面多由青砖砌筑，未有太多抹灰，主要立面采用原木清漆，整体色调偏栗壳色，更趋短调。

"山丘缓溪"，指的是江浙素有"七山一水二分田"之类比的山地和丘陵地带，建筑的结构为土木，墙体材料以夯土为主，场地树木丰茂，"江碧鸟逾白，山青花欲燃"，自然环境色彩丰富，建筑被环抱其间，深藏若虚。以松阳的石仓阙式民居为例，其位于石仓溪两岸的山坡地上，背山面水、泥墙青瓦、鳞次栉比、错落有致，是

清代江南典型的聚族而居的大型宗族建筑。建筑的形制受徽派建筑的影响，但因阙式先祖来自福建上杭，建筑材料受客家土楼的影响，无论是小型民居还是大型的厅堂公建都是全墙夯土。建筑群体的深青灰色的屋顶，偏暖白色、深黄土色的墙面与青山绿水的明艳形成鲜明的对比。

"滨海河口"，泛指江南地区毗邻入海口区块，具有漫长的海岸线和诸多避风港及列岛。一般而言，沿海的居民将坚硬的石头作为建造房屋的首选材料，除了能抗台风、挡暴雨，还能防潮湿、耐腐蚀。以温岭石塘为例，因当地石材资源丰富，基本以石砌屋[22]为主，主要用花岗岩、青石、长屿石加黄泥垒筑，整体色调为白灰色系、红黄色系和暖灰色系。同是依山临海，象山石浦的建筑形制和色彩风貌与温岭石塘相比，大相径庭。石浦是典型的江南水乡民居在滨海渔村山地上的再现，其参差的马头墙与跨街而筑的封火门，则与古代由徽北迁徙到此的先民的用材用色习惯有关。

"粉墙黛瓦"的误读，从中可以总结。首先，传统江南的粉墙黛瓦不是简单的黑白灰的颜色，而是具有丰富微妙、色相变化衔接的色彩关系；其次，江南不仅只是粉墙黛瓦，还具有多元的空间文化地理和在其上栖居而生的民居类型，以及丰富的地域材料的表现力。

22

石砌屋又名"渔寮"，在《说文解字》里提到"厂，山石之宜岩，人可民，象形"，即原始穴居的形象表现。在《温岭风俗》中记载："旧时的渔村民居大部分以石墙茅屋为主。为防大风，该类石墙茅屋多用稻草或茅草覆盖其屋顶，再用石块压脊，绳网罩顶"，房屋选址多在依山背风，且坐北朝南的地方。

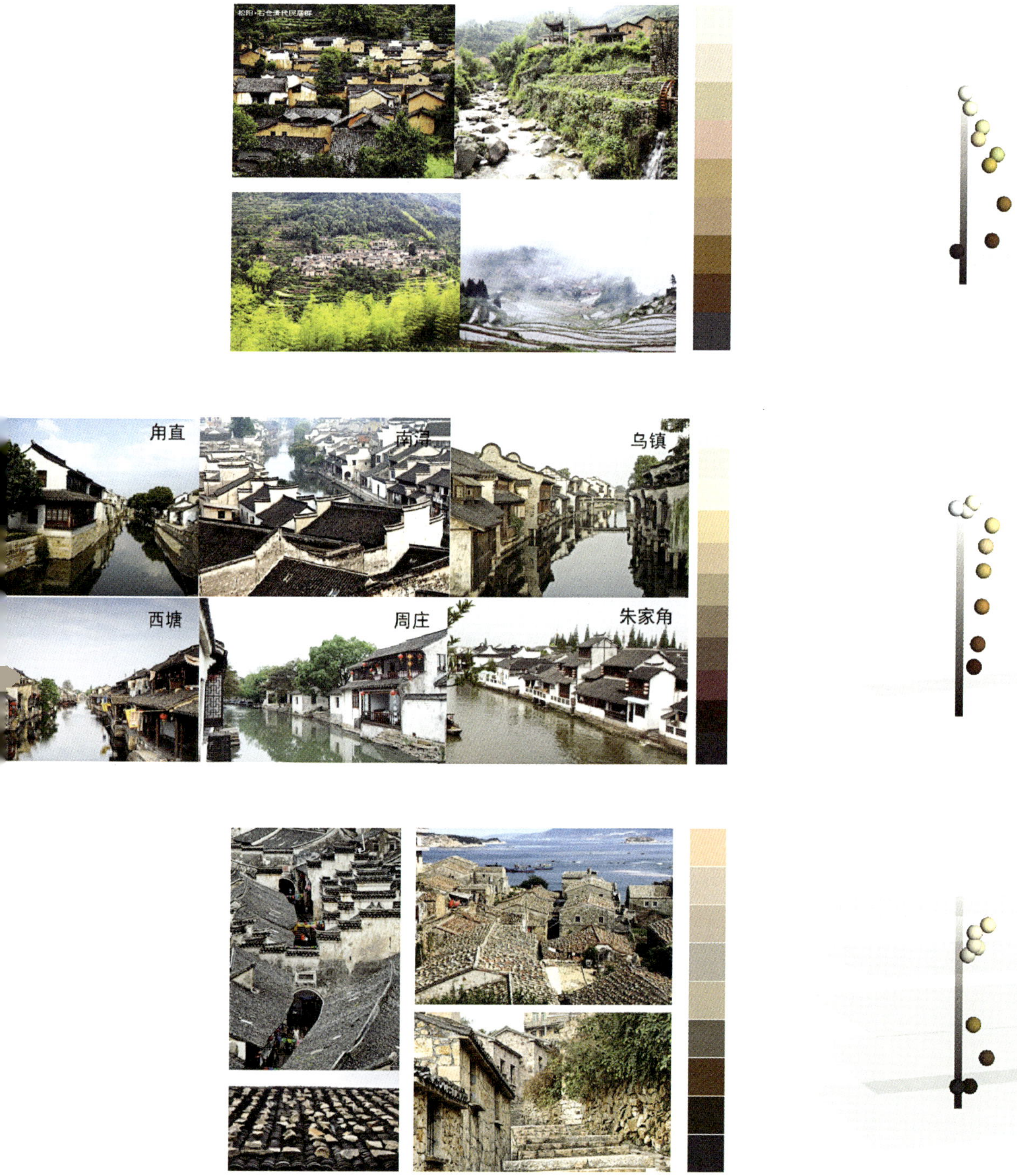

图 5

"水网平原""山丘缓溪""滨海河口"的江南民居色彩采集，通过色
立体体系判断，色彩基本沿明度轴变化，色相以暖灰色调为主

2.3 色彩的微差

"色彩的奥秘在于微差。"

—— 柯罗文（俄罗斯印象派画家）

微差，即不易被人察觉的微小变化。在自然界和生活中存在着大量差别极小的色彩，人们的视觉可以捕捉到这种丰富细微的变化，却往往难以言传，因为它可以把人们的视觉引入一个既丰富又含蓄，既生动又雅致，既微妙又真实的境界。

江南的气候潮湿，能见度低，不同于热带高原的日光照耀，其光线漫反射的空间地理，形成了江南特有的审美习惯。吴冠中的绘画《忆故乡》，通过沿河岸参差错落的枕河人家，表现江南水乡的意象。在对墙面色彩的处理上，是深浅不一的暖白色、浅灰色、赭石色和蓝灰色，其微妙变化表达了传统水乡深远、悠长、朦胧的审美回想。

这种微妙的微差存在，是现实生活环境的一种映射，需要具有极其敏感的审美意识的知觉掌控。同样是对色彩微差关系的处理，莫兰迪的作品《静物》系列，几乎都是用观察和描绘风景的方式来绘画静物，画面中的桌面和墙面交界线几乎都是地平线，静物像是一组矗立在大地上的建筑物。色彩的调式也采用一种短调的方式来约减画面，从而引导人们把握景观中大的色调结构，注重物象的固有色及其彼此间的关系，减弱环境色的成分，使得画面单纯化。但单纯并不意味着色彩的单调，柔化衔接的整体灰色基调，以及其细节的微差使得物象的表达愈加细腻精致。

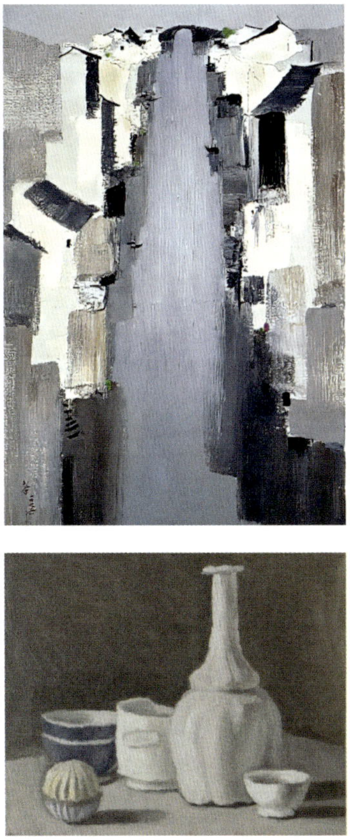

图6

吴冠中与莫兰迪的绘画在色彩微差关系上的处理示例

以上图的江南乡镇的某个聚落为例,同一个场地,因不同的色彩演绎,会产生截然不同的视觉效果与情境表达。现状的大部分建筑以"粉墙黛瓦"的意象为依托,简单地涂刷成纯粹的黑与白的对比(如示范一);实际上江南"粉墙黛瓦"的建筑意象在色彩学上,以墙面为例,是以暖白灰为基调的柔化衔接的色彩微差,并非纯白(如示范二)。另外,在乡镇建筑色彩的营造中,管理者有时会将墙体彩绘误解为建筑色彩,因而呈现出两种方式的反差,比如与江南文化素材相关的墙绘的表达(如示范三)或者采用高彩度、高艳度的色彩直接绘于墙面,呈现柏林墙涂鸦的效果(如示范四)。四种示范的横向对比,同是运用色彩的方式,但因具体色彩表达的策略不同,呈现出大相径庭的空间氛围。

通过对比,示范二的色彩关系比较符合对江南场所意象的本体性解读,这个多层次复合的微差的色彩家族谱系,熟褐、石青、土黄,每个颜色在材质的载体下,都恰到好处地渗入到灰色和白色中,调和着色调的微差与细腻,造成视觉心理上的宁静与平和,而这种状态也正是久居江南的文人们所追求的"粉墙黛瓦"的诗意意象。

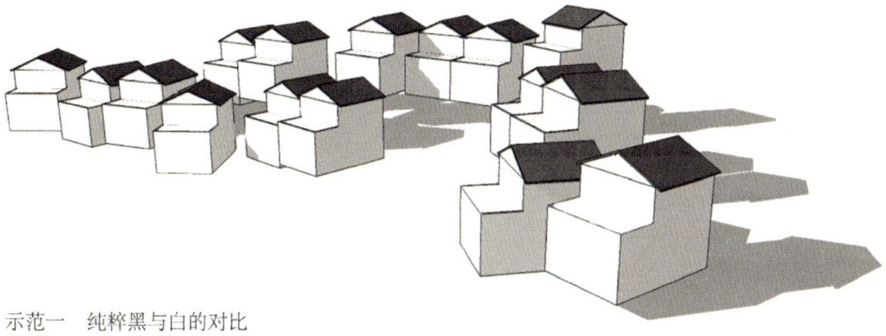

示范一　纯粹黑与白的对比

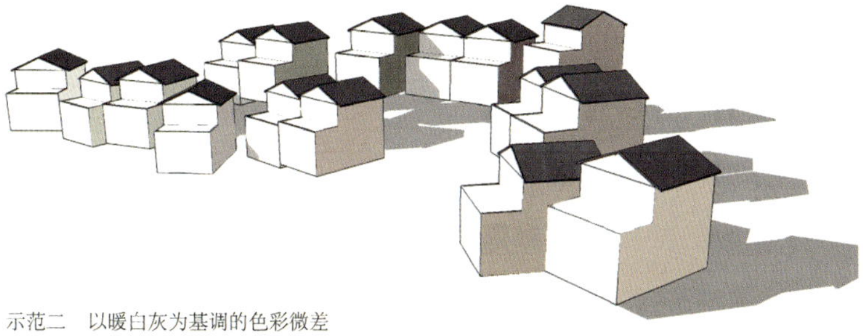

示范二　以暖白灰为基调的色彩微差

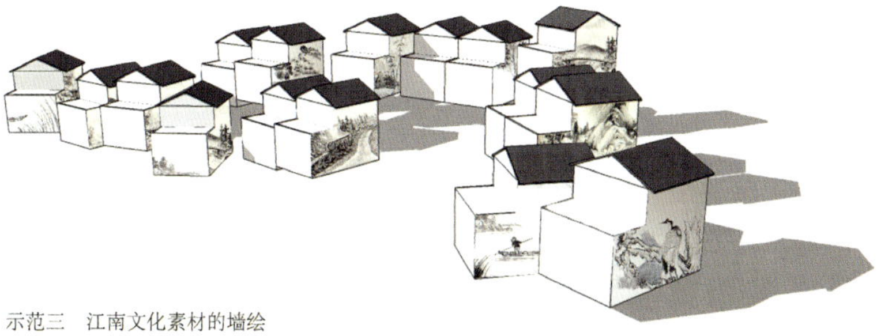

示范三　江南文化素材的墙绘

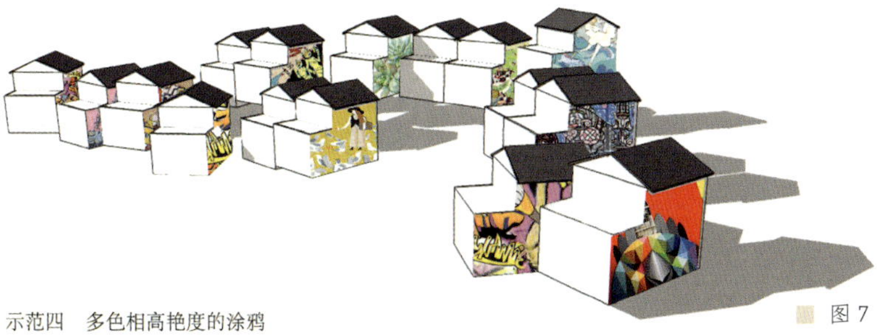

示范四　多色相高艳度的涂鸦

图7
同一个场地，不同色彩演绎的方式产生的不同氛围效果

三、色彩场所精神的向度

3.1 场所与基因

3.1.1 大地、苍穹与时间

自然的场所,指的是人能感知的自然对象的客观存在,有横向平展的维度、纵向抬升以及阳光、雾雨等变化的时空维度。在舒尔兹的《场所精神——迈向建筑现象学》中传达了"大地、苍穹与时间"模式的意义:"空间性的'物'和'特性'是属于具体的存在感知,是大地的向度;'秩序'和'光线'则取决于苍穹;时间是恒常与变迁的向度,使空间与特性成为生活事实的一部分,在任何时刻赋予生活事实成为一个特殊的场所,一种场所精神。"[23]

23
(挪威)诺伯格·舒尔兹(Christian Norberg-Schulz). 场所精神——迈向建筑现象学 [M]. 施植明,译. 武汉:华中科技大学出版社,2010:31.

大地向度——空间性的物、特性

大地,或称自然界中的地景(Landscape),是一种具有延伸性和包容性的场所,被海德格尔称为"扮演着孕育者的角色",比如一棵老榕树的位置可以影响一座房子的位置,一条河流的分岔和宽窄,也同样可以决定一个聚落的发展和命运,因此自然场所往往直接关联着人为场所的创造与设计。

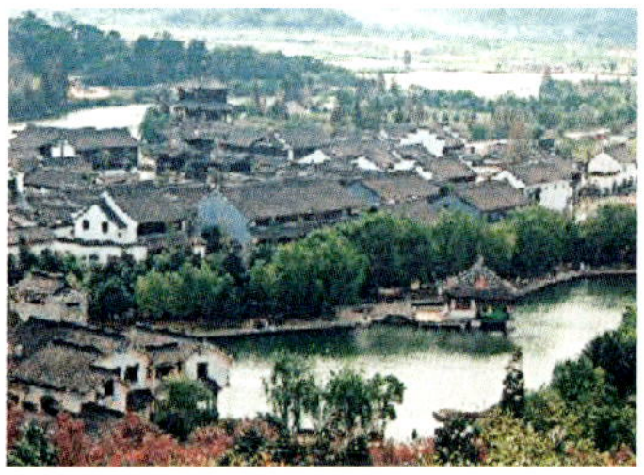

江南自然地理现象丰富,空间文化地理多元,集山丘、河流、平原、湖泊、大海于一体,其地景由各种不同水系、山峦建构,但基本上是由连续的延绵所界定,江南的建筑聚落被怀抱其中,呈现出一种图案与背景的关系。同时,中国古代的建筑与西方相比,表现出对大地的眷念。鸟瞰聚落,大坡屋顶横向的延伸,强调的

图 8
江南"水网平原"的地景关系

24

Gottfried Semper. The Four Elements of Architecture and Other Writings[M]. New York: Cambridge University Press, 1989: 102.

是匍匐于大地的联系。在此基础上的比拟，建筑聚落的色彩关系有如图案的纹样色调，既有色彩本身萌发的自组织美感，又有浸润于大地，锚固于现场的具体且特定的意义。比如森佩尔的建筑四要素[24]之一的"台基"，强调的并非搭建这个台基的具体动作，或是采用砖石抑或夯土等具体的材料，而是在于它与大地所建构的明晰的关系。这种关系，不仅仅是地理空间意义上的某一位置，还包括与此地相伴而来的诸多特性，但这种关系如果被破坏，建筑的介入便丧失了其基础的自我认同感。

苍穹向度——秩序与光

"苍穹是太阳穹隆的路径，月亮变幻的轨道，闪烁的星辰，一年的季节白昼的光亮和尘埃，夜晚的阴郁和泛红……"[25] 在光线的变迁中，呈现出一个有秩序的存在规律。"色彩是光之子，光是色之母"，这是约翰内斯·伊顿在光与色的关系上的论述。不同纬度、不同地理环境的自然光照条件不同，在很大程度上决定了不同地域的色彩特质。例如欧洲北部的阿姆斯特丹，日照时间短，因此，建筑的色彩加大了明度的对比，外立面采用"勾边"的手法，以凸显空间层次。同时，在法国南部等区块，照射强烈，阳光属于偏暖的黄调，建筑色彩的色相对比丰富，斑斓缤纷。[26] 受光照条件的影响，生活于其中的人们慢慢形成了适应性的喜好与选择。

25

（挪威）诺伯格·舒尔兹（Christian Norberg-Schulz）. 场所精神——迈向建筑现象学 [M]. 施植明，译. 武汉：华中科技大学出版社，2010：31.

26

（美）斯文诺芙. 城市色彩—— 一个国际化视角 [M]. 屠苏南，黄勇忠，译. 北京：中国水利水电出版社，2007：60.

江南地区的光照，理论上属于阴影中的区块，太阳的能见度比较低，多雨、水汽氤氲，光线的漫反射比较多。因此，在建筑的色彩表现上，没有色相关系的强烈对比，更多的是中明度层级的色相微差，体现的是精致细腻的美学思想，其场所空间色彩的衍变也借助于自然景观的变化。

时间向度——恒常与变迁

从某种意义上来说,场所又是时间的函数,色彩因太阳的东升西落、光照的条件、气候的周期变化而不同。同时,时间又是线性绵延的,材料浸润其中,生长与老去,岁月的风化留下的痕迹,为建筑增色,类似古董的"包浆"。"如古屋岁久,木色已旧,未免彩绘,必须高手为止",在《长物志》的记载中对物的把玩,文震亨推崇对岁月在材料上留下缓慢而持久的改变的欣赏,偏岁月在"物"上留下的自然痕迹。[27]

瑞士建筑师彼得·卒姆托总是能恰如其分地处理时间在场所氛围中的关系,其设计的圣·本尼迪克特教堂(Saint Benedict Chapel),平面呈水滴形,建筑整体采用当地温暖简洁的木料和极具质感的木瓦,全由手工完成,与周边小镇的住宅氛围相契合。木材的色泽变化反映了当地的气候特征——在向风侧,会受到风雨雪的侵蚀,因此,木材慢慢风化为沧桑的灰白色;而在背风侧,仍是原木饱和的红棕色。这两种颜色在水滴形的钝端交汇。由于形态是圆滑的转向,色彩呈现出一个范围内的柔和渐变。整个建筑呈现一种变化丰富而又极其微妙的色调渐变,从而记录这座建筑的"自然历史"。

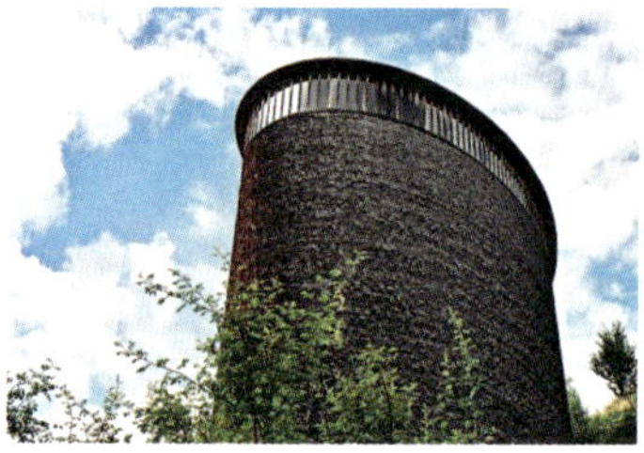

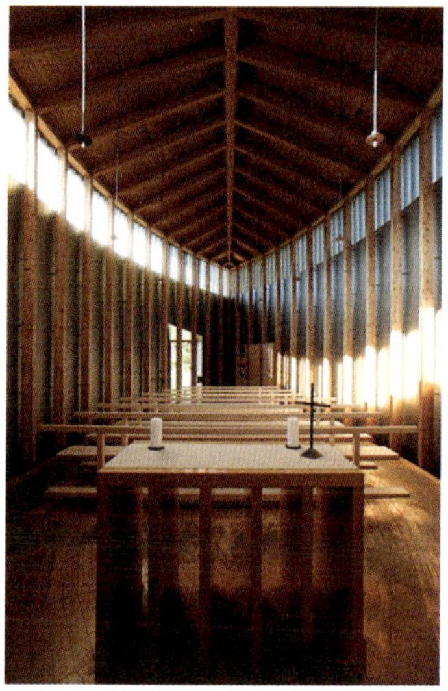

因此,理解自然场所的方式,首先要准确感知大地、苍穹和时间这些自然要素存在的规律以及运行的方式,当色彩作为集结的方式介入时,其一是要以自然的力量作为出发点,并且将这些要素和具体的色彩发生直接关联,绵延递进;其二是在变迁的语境中,师法自然,揭示其隐藏的秩序,并作为色彩再现的依据。

27
刘涤宇.《长物志》,材质所呈现的 [J].
城市环境设计,2011(3):166-167.

图 9
时间在圣·本尼迪克特教堂的建筑立面记录下自然历史的色彩

3.1.2 基因与集体记忆

记忆，是一种文化建构。集体记忆贯穿于整个人类文明的始终，每个发展阶段都在不断地修改着集体记忆，并通过文化基因的方式遗传，从而保证社会环境发展的相对稳定。中国的色彩观念秩序成熟较早，"秦崇尚黑"，并融入华夏基因中。随着朝代更替，明代开始使用的朱红色，则与皇帝的姓氏相关，但不管怎么变换，始终跳不出五行五色的中国传统用色格局。当"五色"成为"五行"的对应系统后，它便获得了巨大的文化渗透力，人们不仅观"色"以测吉凶祸福，甚至观"色"辨疾。[28]

场所，并不是一个固定僵化的状态，也会随着情境变迁而变迁，这种变迁并不意味着场所精神的丧失，而是具有吸纳不同时代、不同内容涵养的能力。如哈布瓦赫在《论集体记忆》[29]中所述，"作为一个社会集体中的人，在意识中总有一些共同的东西，这些共同的东西来自于集体的相互作用，也来自于环境和社会生活的影响。当人建造时，这种集体意识层面的力量就会被物质化，形成实体和形式。人们对于新的遭遇和环境必然会做出新的反应，形成新的集体记忆和共同基因，而这些必然会再投射到被建造的实体和形式中去。"

江南地区的水乡石桥，作为重要的通路载体，其用材也随时代变迁。例如南宋建造的绍兴八字桥、苏州的寿星桥，都是采用当时惯用的绛紫色的武康石作为材料。到了元、明两代，"青石阶沿木鼓磴"，武康石已相对枯竭，冷灰色的青石开始成为主要的石砌建材，现在保留的很多明代古街都是用这一材料铺设的，如苏州洞庭东山杨湾镇。到了清代，苏州木渎镇《木渎小志》载："金、焦二山产

28

姜澄清.中国色彩论 [M].甘肃：甘肃人民美术出版社，2008：63.

29

（法）莫里斯·哈布瓦赫.论集体记忆 [M].毕然，郭金华，译.上海：上海人民出版社，2002：33.

巨石料,遍售江浙。自沪上洋商采办,销路益广。"这是因为青石的开采量也接近枯竭,暖灰色的花岗石开始被大量使用。

虽然石材用料从绛紫色的武康石到冷灰色的青石,再到暖灰色的花岗石进行了年代的转化,方式从最早的就地取材,到近现代通过洋商买办,但是对于新材料的选择,总会带有地域性的审美标准,并处于一个开放体系的接纳过程中,兼容并蓄。

再如古镇南浔,作为"四象"之一的张颂贤之孙张石铭的旧居,卧室的窗户镶嵌着绛蓝色的雕花玻璃,据说是当时法国道姆的产品,西洋楼舞厅地面铺设的也是法国地砖,深褐色与浅赭色交错拼花,历经百年,纹样依旧清晰。这些法式舶来品的引入,在当时应该是最时尚的消费,但并非大红大紫的唐突入侵,而是经过主人的精心挑选,与传统水乡古镇的建筑格调相搭,并渐渐渗透,进而成为南浔民国时期文化的基因,成为有别于其他水乡的集体记忆所在。

无论是工匠、文人、政客或者富商,皆是"为江南文化所化之人",江南的诗性已是一种集体记忆,深入骨髓,在世俗的生活中,又不沦落到粗俗的境地,而是用一种审美的观照把它提升到一种雅的境界,呈现温润、含蓄、浑厚的色调。

3.1.3 色彩的生活基质

德国诗人荷尔德林的"充满劳绩,人仍诗意地栖居在大地上",诗中"栖居"所指向的不是"庇护所",其真正意义是生活发生的场所。现象学被视为"重返于物",注重对日常生活的关怀,经验是

生活中日积月累的发生再续,恰如人类有八卦占卜、结绳记事的需要,久而久之成为传统。

色彩作为物的表象,是日常生活中在地化的意义承载。比如在人类文明的初期,文字体系还未成熟,色彩就肩负着信息交流、意义指示的功能。但是在文字产生后,因为一些特殊的历史缘由,色彩仍具有信息与情感的载体作用。威尼斯的彩色岛和南非开普敦的马来区这两个建筑色彩缤纷的街区,都因其色彩的明艳斑斓成为知名的旅游目的地,但其背后的色彩成因,却大相径庭。

地中海区域自古就有将住宅进行色彩处理的传统,给自己的住处标记颜色以便识别。威尼斯彩色岛(Burano)的色彩是为了方便海上打鱼的渔民可以在捕捞归航途中,远远地识别出自己的家,其色彩色相丰富,高艳度的强对比关系,展现的是生活的欢愉与期待。彩色岛早先由渔民自发涂抹色彩,现在政府明文规定,在岛上盖房子或者单个家庭要改变颜色,必须提出申请,递交色卡,政府以四周邻居的色彩环境来考量批准与否。

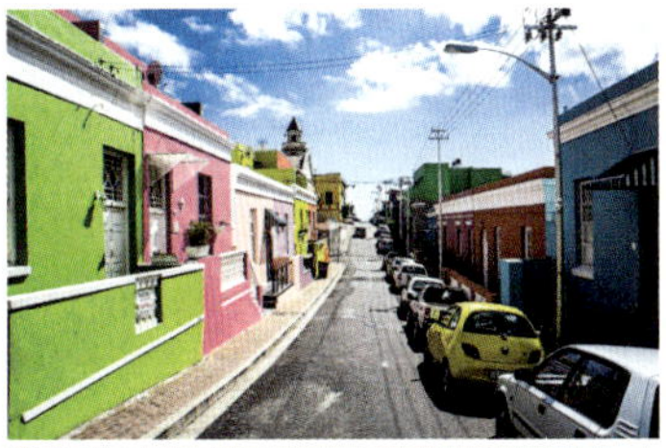

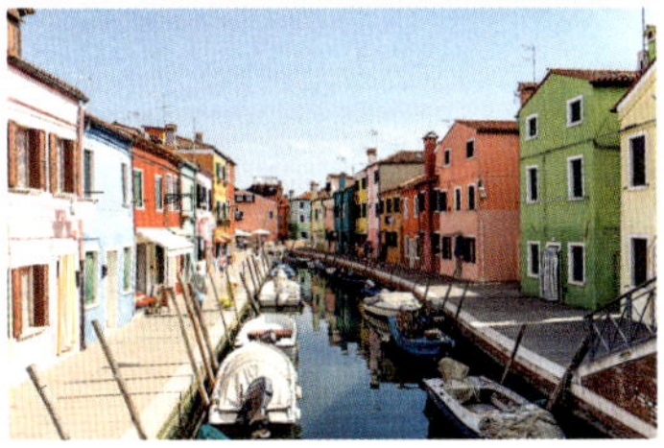

图 11

南非开普敦马来区与威尼斯彩色岛色彩的同与异

与之相比较,南非的开普敦马来波卡普区(Bo-kaap),其表象也是与威尼斯彩色岛一致的缤纷色彩,但是它背后包含的是压迫与反抗。南非有约 50 年的种族隔离的特殊历史,在这期间对人种进行分隔。马来波卡普区曾经的居住者是被当时的东印度公司贩卖而来的马来人的奴隶后裔,被划分为有色人种。当时规定,在种族隔离时期,除了白色人种可以设置门牌号码,其他人种皆没有这个权力。无奈之下,马来人采用色彩的方式将自家与别家相区分,其建筑色彩有天蓝、粉红、姜黄、嫩绿等,并日积

月累形成了这一特殊现象。色彩的节奏与非洲传统音乐表达强弱交杂的情绪如出一辙。

威尼斯的彩色岛与开普敦的马来区,虽然同是高彩度、高艳度的斑斓色彩的外立面,然而一个是家园的归属远望,一个却是无奈的抗争之举。从色彩的视觉表象来看,两者没有太大的差异,但究其根源,却是因不同的场地历史境遇,在日常的生活经验积累中逐步发生、传承而形成的。

3.2 仿生与结构

色彩,总被认为属于绘画和装饰,而不属于建筑的本体,色彩问题常常被简化为结构与表皮的二分,这一认知方式直接导致了色彩中诸多有深度指向的内容的缺失,使其仅外化于单纯的视觉要素。

本书的观点在于将不论是城市或者乡镇,皆理解成是在一个自然系统的基础上建立起来的包含社会、经济、文化等复杂活动的人工"生命体",色彩是作为深层生命结构的表象呈现。

肌肤的组织结构决定了黄种人、白种人或者黑人的肌肤差异。与"生命体"相类比,城市的经济、生态、文化与环境,犹如生命的命脉、代谢、灵魂和肌体。城市人流、物流、能流、资金流、信息流的聚散,构成了城市生命的命脉源泉;城市物质与能量不停地吞吐转换,构成了城市生命的新陈代谢;城市凝聚了文化和历史的精神品质,构成了城市生命的璀璨灵魂;城市多元的物质环境和社区系统,构成了城市生命丰富多彩的肌体 。[30]

因此,承载色彩的表皮系统是由整个生命体的组织结构所决定的,色彩不单单是表象粉饰,也是其生命体征的表象呈现,更是其背后深厚的社会结构诸要素推动的、由内而外自发呈现的自然生态的外在表征。

3.2.1 仿生的观念

"色者,颜气也;气者,元气也。"

——《说文解字》

30

许江.世博·思博·视博-中国美术学院 2010 年上海世博会项目研究图文集 [M]. 杭州:中国美术学院出版社,2011:9.

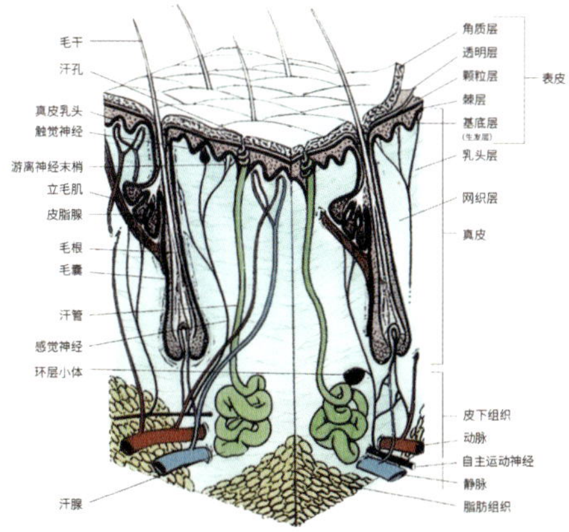

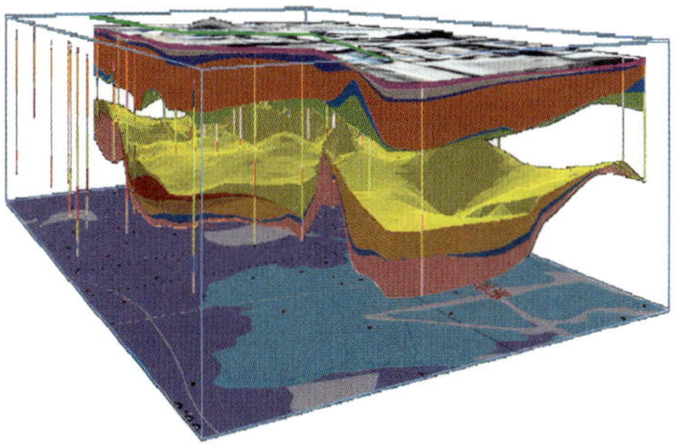

图 12

作为生命体征的表象呈现的色彩结构

31
宋建明.寻找历史碎片,拼接我国传统色彩文化残留的背景——试论中国传统色彩观念成因 [J]. 装饰,2008(3):28.

32
《广博物志》卷九行《五运历年纪》。

中国古人非常重视对人的颜面之气象的感受,以为颜面之气象是人内在元气的反映。[31]"生命"一直是中国哲学思想体系中非常重要的概念,被视为"万物之本源"。中国传统文化立足于对自我身体的观察,注重从身体的体验出发,以身体来隐喻世间万事万物。中国古代哲学就以人的身体、自然生命与天地万物的直觉作为尺度。如古老传说《盘古开天地》[32]里这样记载:"盘古之君,龙首蛇身,嘘为风雨,吹为雷电,开目为昼,闭目为夜。死后骨节为山林,体为江海,血为淮渎,毛发为草木",以上古神话人物的身体比拟大自然的要素存在。再如宋代的绘画《上阳子金丹大要图》,用概括的山水比拟人内部错综复杂的经脉关系;另一幅是展示身体内部元气循环的《元气体象图》,把身体内部的山水通过一座山脉和作为元气的水表现出来。

因此,中国传统文化中的"生命"或者说"元气",是让身体内部各要素保持力量均衡行为的方式,以及相生相克的规律。此文化背景上的传统中医,也是基于生命循环的理论的传承。

33
扁鹊创的四诊法,望是指观察病人的气色;闻包括听声音和嗅气味两项内容(比如气虚病人可以听语声低微,哮喘病人可以听喉中声如曳锯,都是听声音;湿热带下病人的白带气味臭秽,肺痈病人咳吐腥臭浊痰,都是嗅气味);问:询问病状;切:把脉。最后四诊合参确定病情并制定治疗方案。

中医理论的"望闻问切",[33]首先是"望",看的就是气色,通过气色来判断背后的病灶。望色诊病是《内经》中首倡的中医诊断方法,认为"色"是脏腑气血的外在表现。

> "善诊者,察色按脉,先别阴阳……"
>
> ——《素问·阴阳应象大论》
>
> "五色之见也,各出其色部……其色部乘袭者,虽病甚,不死矣。青黑为痛,黄赤为热,白为寒"。
>
> ——《素问·五色》
>
> "夫精明五色者,气之华也。"
>
> ——《素问·脉要精微论》[34]

34
黄帝内经素问 [M]. 明顾从德刻本.北京:中医古籍出版社,1997:71.

上述的医学典籍从察言观色切入，对于气血之精华之于外在肤色表现的异同，气色观察疗法可以直接地了解对应病灶的气血虚实与阴阳生克变化的关系。

人类知识最初都来源于感觉经验，往往通过形象化模型的建立来构建对于对象的理解。在西方的研究视野里，同样存在仿生的观念，将城市类比于生命体的说法并不罕见，西方城市的平面和生物体就很相似，比如在穆斯林阿拉伯人的聚落平面可以看出叶脉的图形等。

理查德·桑内特（Richard Sennett）在《肉体与石头：西方文明中的身体与城市》一书中提及"在古罗马，维特鲁威的人体比喻不只是影响了神庙的设计，也影响了城镇的兴造。肚脐是人体的中心，建造城镇也是从选定中心开始，然后绘出栅格平面。人体的对称和比例原则反映在建筑上，也反映在城镇上。17 世纪以后，基于启蒙时代的哈维（William Havey）对血液循环现象的发现，就出现了交通动线是城市的循环系统的隐喻，或把公园比成都市的肺，把交通要道比拟成动脉等。"[35]

35
（美）理查德·桑内特.肉体与石头：西方文明中的身体与城市 [M]. 上海：上海译文出版社，2011：17.

与中医强调元气的循环不同，西医是以解剖为基础的科学思维，中国当下的现代城市规划思考体系，包括乡村和新市镇等，很多都受此影响，见山劈道、见水截流，"色彩就犹如在此过程中城市生命迹象的表层体现，一个是内在结构功能的错位发展；一个是处于不稳定的过渡期，好比城乡接合部人口的流动，是内部管理经营的不善，使得气色出现问题。"[36]

36
宋建明.城市理想·色彩·文脉·发展和当代美术学院的作为 [J].建筑与文化，2008：43.

因此,在自然地貌变化多元的江南乡镇地区,直接套用固化的现代规划手段,抹杀地域性特色的方式是不合适的。尤其是在色彩问题的处理上,应从气色的观察切入,类似中医的处理方法,把城市或乡镇当作一个有经脉、穴道的系统,问题出现时并非大刀阔斧地处理,而是在细微末端处,见微知著,调节整体。

3.2.2 结构的深度

"大自然并不停留在表面现象上,它有着深刻的内涵;色彩则是深层结构的表层表达,它们从地球的根部萌发,是地球的生命,是观念的生命。"

——塞尚

作为现代主义之父的塞尚,批判印象派绘画只是表现自然世界表象变化的瞬间感觉经验的"肤浅现象",他要在绘画中找回自然的深度。"在莫奈的这些画里,一切事物流失的地方,我们今天必须插入一份坚固、致密的结构……"[37],他看待世界的眼光,不再是简单透视的关系,而是将注意力集中在视物上,同时对视的事物向其呈现的深刻方法。

37
许江,焦小健.具象表现绘画文选[M].杭州:中国美术学院出版社,2002:21.

塞尚的结构是基于绘画形式的表达,视觉的语言,促进了现代主义艺术的革命性发展。在人类学的研究上第一次引进结构主义语言学方法的是法国哲学家列维·斯特劳斯,他与知觉现象学的研究者梅洛·庞蒂甚为交好,其发表的《结构人类学》提出,把人类的社会文化现象归为一种深层的结构体系来研究,从结构认识事物的本质,注重事物的整体性及其内在的逻辑关系。

根据认知层次的次序,结构有着不同语义程度的理解,其一是基于环境的观察与分析之上的结构性的拓展,以塞尚为例;以及基于材料构造的结构理性主义,如以《营造法式》为代表的以斗栱为基础模度衍生成对整体建筑控制的方式;其二是观念的结构文化精神,在变迁的社会环境语境中,作为恒定的结构支撑,并以"稳定的精神"存在。

"匠人营国,方九里,旁三门。国中九经九纬,经涂九轨。左祖右社,面朝后市,市朝一夫。"

——《周礼·考工记·匠人营国》

金观涛先生在《兴盛与危机——论中国社会超稳定结构》中提到:"中国封建社会的长期延续,以及两三百年发生一次的王朝更替,是一个超稳定系统一体的两面。中国文化是儒家道德意识形态的长期延续,这套意识形态为社会制度提供正当性,所以中国汉代独尊儒学,到了清代康有为变法还是尊儒。儒家的道德意识形态为中国大一统提供了一个蓝图,这是其他文化所没有的。另一方面,中国的社会结构不是静态延续的,一直在改朝换代,可是因为道德意识形态是一个模板,当旧社会瓦解的时候,它又可以修复。所以,尽管存在封建王朝更替的现象,但是中国传统社会还是束缚在原有轨道上,这与儒家文化和中国传统道德意识形态是紧密相关的。"[38]

38
金观涛,刘青峰.兴盛与危机——论中国社会超稳定结构 [M].北京:法律出版社,2011:6.

这一超稳定结构渗透在中国的传统建筑营造层面,从春秋战国时期的《周礼·考工记》文本里所记载的到陕西凤雏村的西周建筑遗址,再到北京的紫禁城,正如中国的方块汉字,一直遵循的是中心轴线、方正对称、次第进深的空间格局,折射出即使朝代变迁,

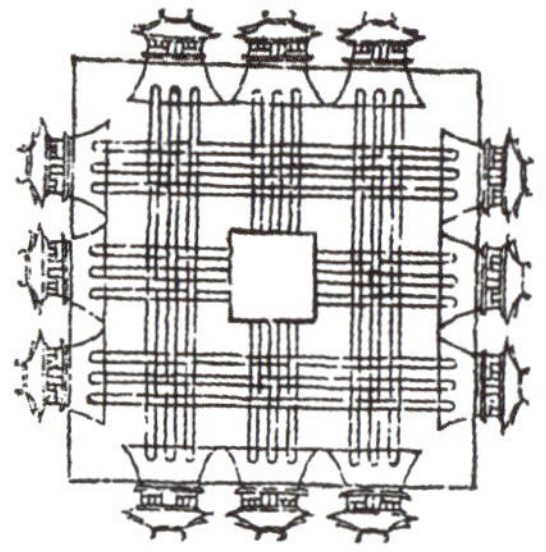

《周礼·考工记·匠人营国》

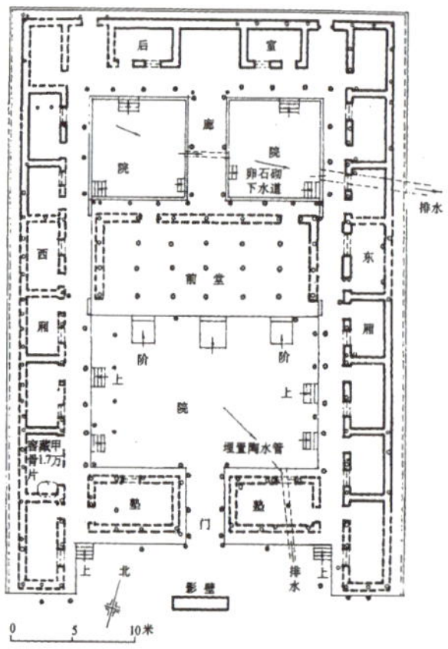

陕西岐山凤雏村西周建筑遗址

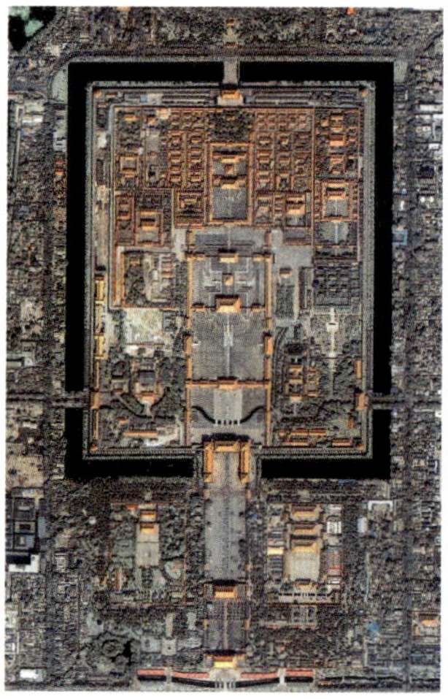

北京故宫卫星图

图 13

中国建筑营造空间中的超稳定结构

但以儒家思想主导的意识形态格局不变的超稳定结构体系,反映着中国文化的宗法情感和礼乐气氛,古代建筑色彩的赋予也是严格参照此体系。

这一结构映射在当代的乡村文化方面,很多片段已是结构性的断裂。中国传统文化是以农业文明为基础的,根在乡村。在古村落的老建筑上依稀可以看到"耕读传家""地接芳邻""稼穑为宝""职思其居""居易俟命""君子攸宁"之类的门楣题字,这些诗雅风韵背后深藏着的是以儒家文化为内核的礼教道德修束。

《论语·子张》曰:"仕而优则学,学而优则仕。"历史上结构稳定的乡村是以士大夫为主的"乡绅",早年通过科举,他们为国效力,晚年荣归故里,承担着传承文化、布道教化的职责,由此形成了在儒家体系下人才培养循环的恒定结构,也是一种"类宗教"的管理体系。

当下乡村的结构性断层,就在于人口的流失与产业的空心化,以及乡村精神文化依托的缺失。但现在乡村不可能回到之前封建时期的"三纲五常",好比有些村庄以"孝"文化作为牵强的回应方式,而非是应对当下发展的适宜策略。乡村内在结构深度性的重构,在于在延续原有基因结构基础上,置入合适的产业内容,以及高度匹配的运营管理模式,真正从内而外地焕发这个区域的活力。

乡村的产业思考有自己的"乡村性",笔者认为还是应当以接地气的"生态宜居"为总体风貌方向。因此,乡村不同于城市的大闭环产业链系统,可以是城市大闭环中的一个补充环节,也可以

是综合性的小闭环。

以本书第一章提及的嵊泗边礁岙村为例,其本是"东海石头村",现被誉为"东海色彩艺术村",因为色彩的介入,整个村庄风貌整体提升,民宿等产业随之发展,大量游客慕名而来,使得大部分外出务工的青年人返乡创业。人才的回流,为这个村庄重新注入活力,从产业活态更新的角度来看,修补了原来断裂的结构。

再以日本的越后妻有大地艺术祭为例,其是一个以文化艺术美学为主导的系统工程,后续联动旅游等三产内容,才将原有村庄的内在活力结构性地激发。2015 年的第五届艺术节举办期间,50 天的参观人数达到 50 万人,而当地人口总数只有 7 万人。为满足每天 1 万人的居住、饮食、交通、安全、购物需求,设计合理舒适的参观旅游动线,经过多年的摸索,艺术节已形成了一套完善的服务体系。这背后是以艺术节为核心、政府部门提供支持、产业提供服务、众人参与其中的共赢组合。

因此,美,也是一种生产力,蔡元培先生当年提出的"艺术代替宗教",在当代乡村实践中的再理解,是有前瞻意义的。因为,艺术之美的共同认知作为一种超越宗教、世俗的力量,以美的共鸣、文化理想来吸引人们的信仰与内心皈依,作为引领的开始。

对于色彩研究向度之一的结构问题,只有从历史哲学的视野、现实产业的维度重新审视场地对象的结构体系,把握其稳定的精神内核,将深层的结构进行系统性地根除病灶、有机再构、文化修补,才能有如生命体,在时代的变迁中呈现非病态的色彩表情,否则色彩仍只是无本之木的表皮粉饰而已。

3.3 质色与物象

3.3.1 "形色"之辩

39
王群. 解读弗兰普顿的《建构文化研究》
[J]. 建筑与设计，2001：69.

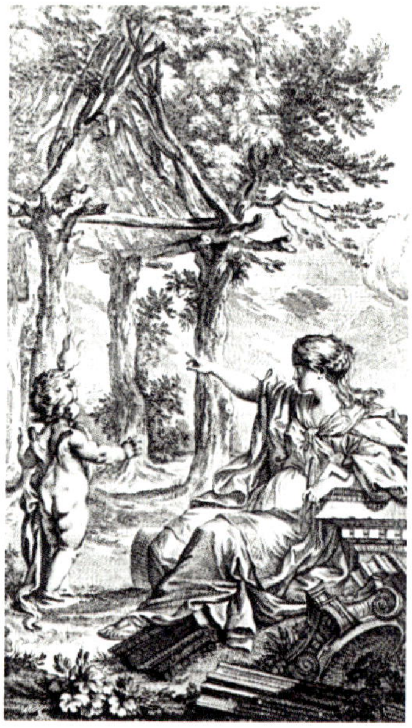

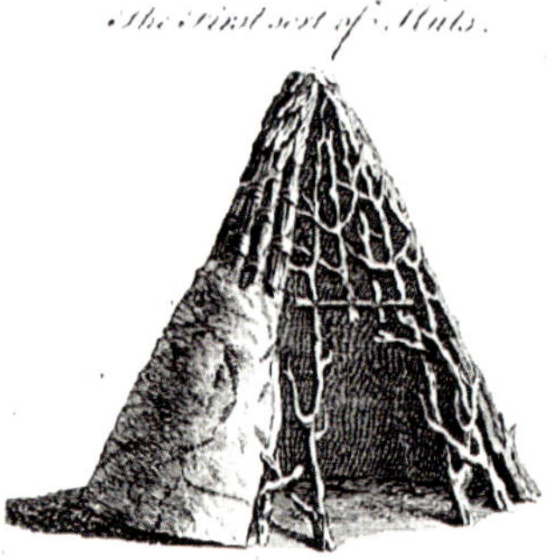

子曰："质胜文则野，文胜质则史，文质彬彬，然后君子。"

——《论语·公冶长篇》

在西方建筑学研究的建构视野中，对于研究建筑本体的出发问题，一直存在两大阵营的讨论，一个是以结构主义理性为代表的弗兰姆普敦的建构理论，一个是以彩饰观念为代表的森佩尔的饰面建构理论。从建筑的起源谈起，核心论点即"形"与"色"孰轻孰重的辩证关系。

弗兰姆普敦认为"建筑的本质特征是建构的而非布景式的"[39]。以劳吉埃尔的原始棚屋模型为原型，建构是基于材料的本性，通过受力合理、逻辑清晰的结构构造以及精巧的细节处理，在此基础上所体现的有机非装饰化的建筑美学，回应的是，当下将建筑简化为布景的趋势以及文丘里装饰蔽体理论在全球甚嚣尘上现象的反思。

森佩尔（Gottfried Semper）的《彩饰初论》则认为建筑的本质在于其表面的覆层，而非内部起支撑作用的结构。人类寻找居所是因为需要一个温暖覆层的包裹，因为覆层才有了结构的需要，结构是因为覆层而生，覆层表面的色彩以及纹理才能作为社会性意义的表达。在《建筑四元素》中的围护这一要素里，森佩尔认为在覆层材料的选择上，首先是柔性的挂毯，其次是随着防水等功

图 14
弗兰姆普敦建构结构理性指向的劳吉埃尔的原始棚屋（上）与森佩尔的饰面建构原型（下）

40

Gottfried Semper. The Four Elements of Architecture and Other Writings[M]. New York, Melbourne: Cambridge University Press, 1989：102.

能的需要，发展成泥浆抹灰以及后续的其他材料，彩绘和雕塑作为其基础上的装饰表现。所以森佩尔提出墙的"衣饰"（Dressing）概念，并且认为是"衣饰"而非其后的支撑墙体作为形式基础带来了空间的创造。[40]

"建构"与"彩饰"两个观点的辨析讨论，贯穿着西方建筑色彩美学的历程，在"形与色"的关系中，经历了从真实—装饰—真实的轮回转变，呈现螺旋式交叉发展的结构。

建筑的色彩最初源于材料的自然色，随着生产工艺的发展，人们逐渐将生产中所使用的着色材料用于建筑物的梁、柱等构件上，兼具防护与装饰效果。比如金字塔，在埃及的自然环境里，宏大单纯，用淡黄色的石灰岩直接砌筑而成，色彩与广袤的沙漠浑然一体。古巴比伦的建筑因材料以土坯为主，为使土坯墙体免受暴雨的侵蚀，在墙裙等部位，工匠们趁土坯没有完全干燥的时候打进涂成红、白、黑的彩色陶钉，并组成各种图案，后来发展成彩釉琉璃砖装饰。

因此，这一阶段，色彩依附于形体，色彩的饰面艺术基于实际的需要，并且反映建筑的结构构造逻辑，形成稳定的传统，渗透到观念中。

"高贵的单纯、静默的伟大"是德国艺术评论家温克尔曼（Winckelmann）对古希腊建筑的评价，以其为代表的学派认为，美在于纯形状而不是色彩，古希腊神庙大理石的材料本色才是古典建筑呈现的最佳状态，这一观点一直从文艺复兴影响至当代。但后来经考古学家们发现，古希腊的建筑并不是纯白色的，而是

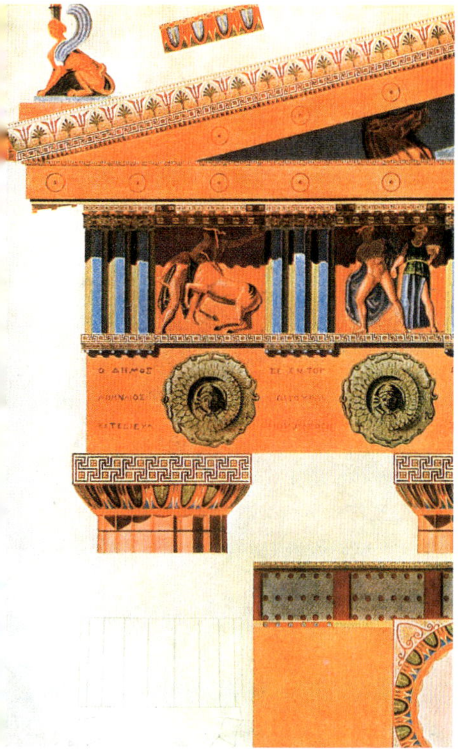

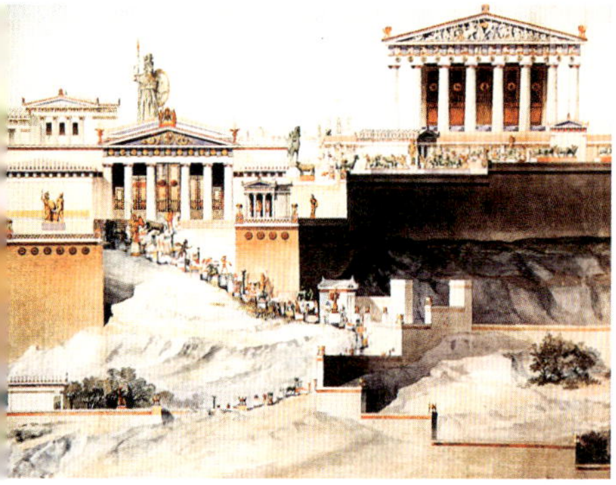

图 15

多彩的古希腊建筑复原图

41

建筑师雅各布·西托夫（Jacques-Ignace
Hittorff，1792–1867）是一位出生在德
国的法国建筑师，他结合先进的结构采
用新材料，特别是铸铁方面的研究。

多色的。《彩饰初评》一文是森佩尔在 1834 年考察了地中海沿岸的古希腊等建筑遗址后发表的，他认为色彩是古代建筑的一个基本装饰属性，是一个有功能的独立存在，在工艺上有助于掩盖粗糙的石灰表面，并且还可以反射地中海区域的强烈日光。雅各布·西托夫（Jacques-Ignace Hittorff）[41] 于 1951 年出版了《希腊建筑的多重色彩》（ on the Polychromicof Greek Architecture ）一书，他的发现是希腊古典建筑运用的是一种色彩体系，它的地位类似于柱式规范在建筑中所起的作用。以雅典卫城的帕提农神庙为例，全部采用大理石砌成，铜门镀金，柱头瓦当以红、蓝为主，有浓重的装饰色彩，并夹杂金箔，肃穆又欢乐。原来木构件和陶片上的平面性彩绘不适用于石质的建筑物，因此，采用石头的雕塑，但仍按照传统使用浓烈的色彩。这些都直接引发了建筑界对古希腊建筑的重新思考和激烈辩论，同时越来越多的证据被人们接受，但改变传统的观念仍需要一些时间。19 世纪新古典主义的建筑师们仍继续建造着他们崇尚的单色理性的建筑。

文艺复兴强调人文精神，虽然在建筑形式上完全摆脱了中世纪的束缚，积极地向古希腊、古罗马建筑学习，但是在色彩方面却没有简单还原时代的色彩特点。以佛罗伦萨主教堂为例，在穹顶的结构建造上具有革命性，但色彩还是基于当地的材料，整体的风貌与整个城市取得一致。在文艺复兴的后期，虽然出现了巴洛克、洛可可的风格，但主要集中在室内色彩的处理上，崇尚金色，推崇浓烈的红色、蓝色、橙色、紫色、胭脂色以及嫩绿、粉红、玫瑰红等鲜艳的浅色调等。

20 世纪的绘画领域，印象派画家在自然光色流变中发现了动态色彩的表现力；后印象派画家开始转向内心的情感色彩的表达，

42

（美）杰克·德·弗拉姆. 马蒂斯论艺
术 [M]. 欧阳英，译. 山东：山东画报
出版社，2004：33.

转译了自然的光色，经过从表现主义到抽象主义的绘画，色彩变成
独立于物类的本然的存在，正如马蒂斯所言"题材无关紧要，应寻
求的是强烈的色彩[42]"。于 1917 年大行其道的荷兰风格派运动，
起源于蒙德里安的抽象画，促进了色彩理论和实践的觉醒。蒙特
里安所述：真正的创新，新的艺术形式可以定义为线条和颜色
的纯粹表达。与传统的装饰功能不同，荷兰风格派将色彩定义为
空间的决定因素，也推动了建筑和设计领域的诸多重要作品的产
生，以里特维尔德（Gerrit Rietveld）设计的乌特勒支住宅为例。

在包豪斯教学中，"形色"之辩也贯穿于教员的课程体系与项
目实践之中。一类以伊顿、康定斯基以及保罗·克利为代表，
认为色彩是等同于形态的重要元素，因此在教学课程里，加入
了"视觉的语言""光学幻觉"以及"形状和色彩的心理学等课
程，但基本还处于教学的理论环节；一类是以格罗皮乌斯和密
斯·凡·德·罗为代表，格罗皮乌斯在教学体系的建构中增设了
色彩这一环节，但在实践中，例如包豪斯校舍关注的是新技术材
料的表达语言，摒弃表面的装饰，并通过光影来表现空间关系。

古典主义建筑的理性是基于先验的几何比例和清晰性与明确性，
自欧洲的启蒙运动之后，现代理性的本质转向了功能的合理性、
结构的真实性和材料的本性。约翰·拉斯金[43]（John Ruskin）
在"真理之灯"这一章里，主张保持原料的自然色，不使用另外的
涂料，这一观念对 20 世纪的有机建筑理论者和粗野主义的现代
建筑产生很大的影响。在"美学之灯"这一章里，尽管他认为雕
塑是没有颜色的，也就是所谓的单色，但他又不能接受色彩千篇
一律的建筑，他主张建筑是一种有机的存在，鼓励将自然界观察
到的色彩运用到建筑中去。

43

拉斯金是在艺术与工艺品时期和现代
建筑史上对设计师和建筑师们产生深
厚影响的理论学家，在其 1849 年的
著作《建筑的七盏明灯》（The Seven
Lamps of Architecture）里面有很多
对色彩方面的独到见解。

但材料真实性的原则并非是固定僵化的,后续的现代主义建筑师根据不同设计理念发展出不同的表达。密斯提出的"少即是多"的口号,采用的是纯粹的钢铁、玻璃以及具有天然色彩纹样的材料,呈现的是黑白的无彩色系,以巴塞罗那世博会德国馆为例,通过简约材料的构成穿插,表现流动空间的理念。有些是材料原有的基质因施工工艺未达到理想的效果,通过色彩在其表皮平面粉刷,以调节其在视觉上的均衡和对比关系,但材质的肌理感仍存在。

密斯主持的在斯图加特举行的魏森霍夫住宅展(Weissenhof siedlung Experimental Housing),作为现代主义建筑国际化样式的第一次集体亮相。建筑的造型大多基于白色的方盒子和色块的平涂,但在室内空间的氛围处理上,色彩进行了细致的推敲,比如在勒·柯布西耶的弗吕日住宅的卧室设计中,将上方凸出的储物空间涂成灰蓝色,下方的墙则饰以暖棕色,一进一退,色块之间的对比,以及人对颜色的本能联想,使得人对起居室的空间产生了"深远"的错觉。■

当代艺术关注于生活的日常性美学,与现代艺术所奉行的精英主义不同,在后现代的建筑表述中,强调古典元素的符号精髓,以及在作品层面所具有的表达公共精神意义的价值,通过色彩与大众进行沟通,摆脱现代主义建筑"集体失语"的困境,色彩已经从内部限定的空间释放,直接应用于外立面的表达。

德国柏林IBA'87(International Building Exhibition)建筑博览会,可谓是后现代各种风格的集体亮相。邀请了当时世界上知名的建筑师,包括彼得·艾森曼、雷姆·库哈斯、阿尔多·西扎、扎哈·哈迪德等参与,策展人克莱胡斯(Josef Paul Kleinhues)

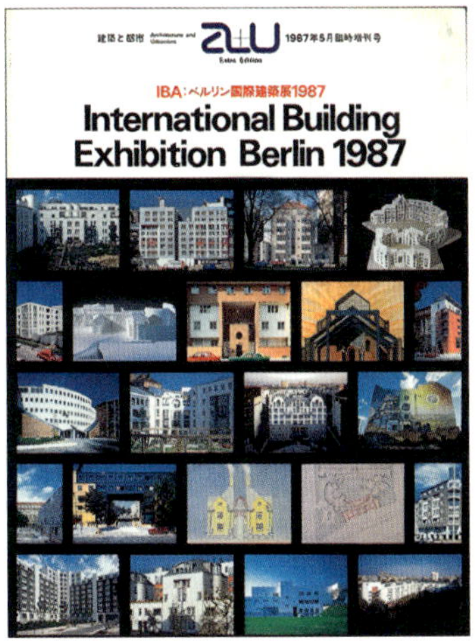

图 17

柏林 IBA'87 建筑博览会之多元的建
筑外立面色彩造型

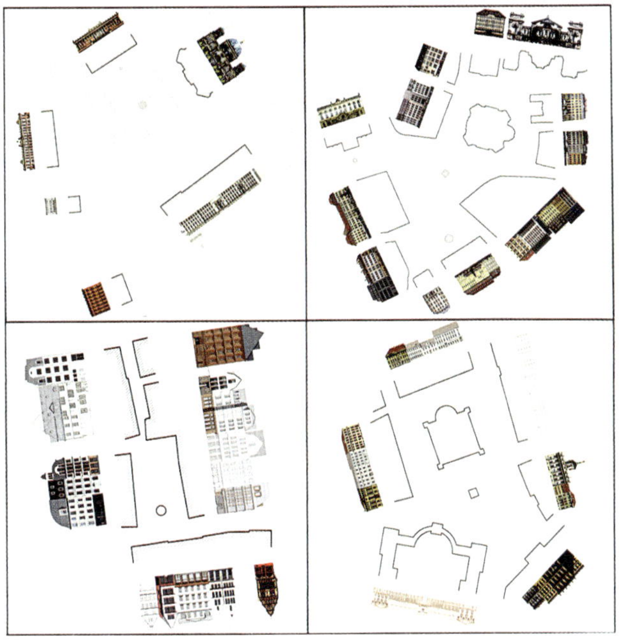

提出的"批判性重建"原则,鼓励传统与现代的对话,呈现出色彩
在空间、造型、材料等方面的丰富表达。

柏林建筑文化的这种丰富的先锋性与拼贴性在于,它不仅是一
个经历过残酷战争洗礼的沧桑城市,而且拥有历史上很多先锋
艺术流派。在 1920 年代,风格派的创始人杜斯伯格(Theo van
Doesburg)造访柏林,一时间,构成主义和至上主义的展览、欧
洲先锋派艺术的代言人、激进艺术家团体——"十一月学社"
(November Group)、"玻璃链"(The Glass Chain)、"十人环"
(The Ring)等[44]都聚集于此,活跃发展。

柏林旧城区舒泽大街综合体的改建项目,由意大利"新理性主义"
建筑师罗西担当主创。罗西对于建筑的思考总是从城市的集
体记忆出发,其代表作《城市建筑学》对于当代城市理论具有

44
Quetglas J.Fear of glass:Mies van der
Rohe's Pavilion in Barcelona[M].
Basel:Birkhauser,2001.

45

Germano Celant, Diane Ghirardo.
Aldo Rossi Drawings. Skira, 2008 :
39.

46

Ferlenga Alberto. Alod Rossithe
life and works of an architect
.KONEMAMV, 2002 : 33.

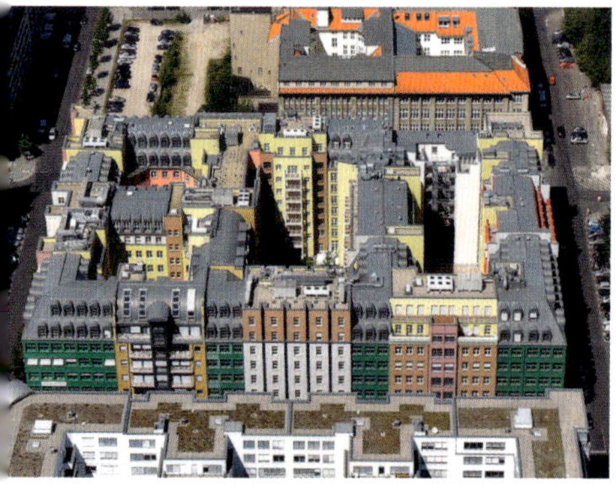

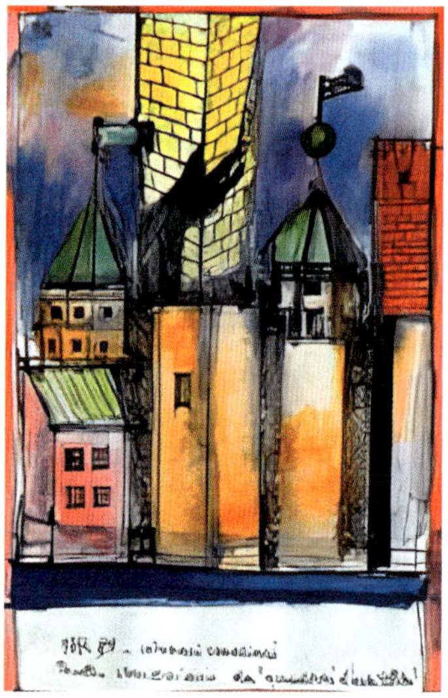

图 18

柏林舒泽大街综合体改建项目的色彩
与罗西的绘画色彩

重大的影响。在风格上,罗西首先采用传统的方式重建了几座具有明显时代特征的古典建筑;在色彩上,罗西认为色彩不是简单地作为功能外放的标注,强调色彩与建筑本身的同一性。而这些色彩的运用会引起联想的情境,于是,罗西混合了在柏林的其他作品中使用过的典型性的材料和色彩,色彩关系有如其画风,橙黄、普蓝、橄榄绿、砖红等,基本是高艳度的对比色系,深受未来主义、立体主义的绘画影响,体现出柏林文化的多元色彩。[45-46]

20 世纪中叶,随着新材料以及电子技术的发展,西方兴起了欧普艺术(Optical Art),欧普艺术利用精确研究的几何图形和精心设计的色彩,造成视知觉的运动感和闪烁感,色彩、形状运动的视觉幻象。色彩呈现的方式不再局限于涂刷,电镀、印刷、投影、屏幕显色等极大地丰富了色彩的本体再现。建筑等诸多载体也因为色彩的解放而改变了旧日的色彩性质,色彩传递出前所未有的戏剧性。通过表皮演绎虚构与想象,进入媒介艺术表皮演绎"读图时代",虚拟与现实相交映的光色造型开始凸显。

法国里尔美术馆的改扩建工程,在保留历史建筑古典韵味的同时,采用新的材料与结构表现方式,使得古今对话、相映成趣。新馆部分是由整体的玻璃所构成,类似一个半透明的空间装置;表皮的玻璃采用丝网印刷技术,印有方点的图案矩阵。美术馆旧馆、天光云影以及建筑里活动的人像,在固定与移动之间、真实与幻象之间,营造出当代建筑装置化的艺术图景,多层次的色彩叠加,使得原本单纯玻璃的表情富有情节的深度。

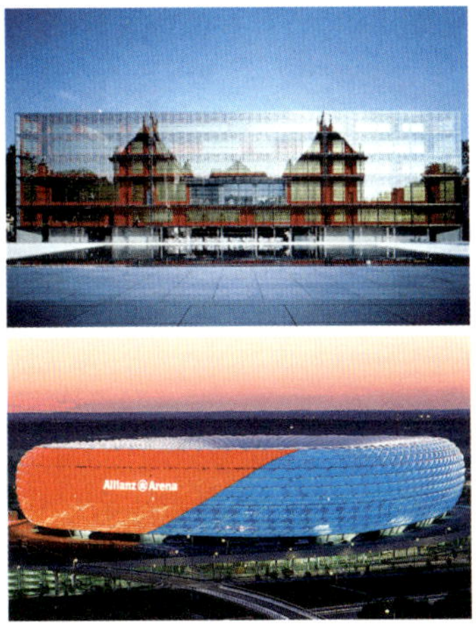

图 19
法国里尔美术馆改扩建的立面与德国
安联足球场的立面，色彩都运用了光
色原理

安联足球场是德国拜仁慕尼黑和 TSV1860 两个足球队共用的主场，前者俱乐部的颜色是红色和白色，后者是蓝色和白色。建筑的外表皮为贝壳状的乙烯 - 四氟乙烯共聚物（ETFE），双层中空充气膜覆层，内藏灯光装置，随着主队的不同呈现红色、蓝色和白色的变化。在此，色彩无关宏大的主题，而是崇尚一种生活的感官性，作为赛事信息的直接载体，引起关注。正是因为光电以及新型材料的运用，色彩、视觉、媒体图像感知都被激发出一种新的存在状态，也超越了传统建筑表皮未能企及的效果，表达了体育场这一特定空间的场所新诗意。

因此，在当代语境里，建筑已开始倾向光色造型的新语言，依托新技术和新材料的更迭出现，色彩与结构的二分边界开始模糊，不再是简单附加的肤浅装饰，色彩已作为一个预先考量的信息置入材料的结构语言中，与材料共生演绎，开始了建筑当代艺术化的趋势。

色彩与其附着的建筑形体造型之间是忽远忽近、相互交织的螺旋式曲线方式，在一定意义上传达了社会美学的生活判断以及人类认识世界的方式。

与西方建筑"形与色"的螺旋式发展格局不同，中国的传统建筑色彩营造，除去在"茅茨土阶"的蛮荒时代，色彩是基于材料本色的呈现外，更多的是作为社会价值体系的符号象征，以装饰的语言强化，比如在建筑的斗栱、藻井、天花等部分进行结构模仿的再现。林徽因曾在《中国建筑彩画图案》一书的序中探讨中国古代建筑彩画的构图、色彩，以及源流发展："第一，彩画图案的产生源于"木结构防腐、防蠹的实际需要"，后来逐渐和美术上的要求

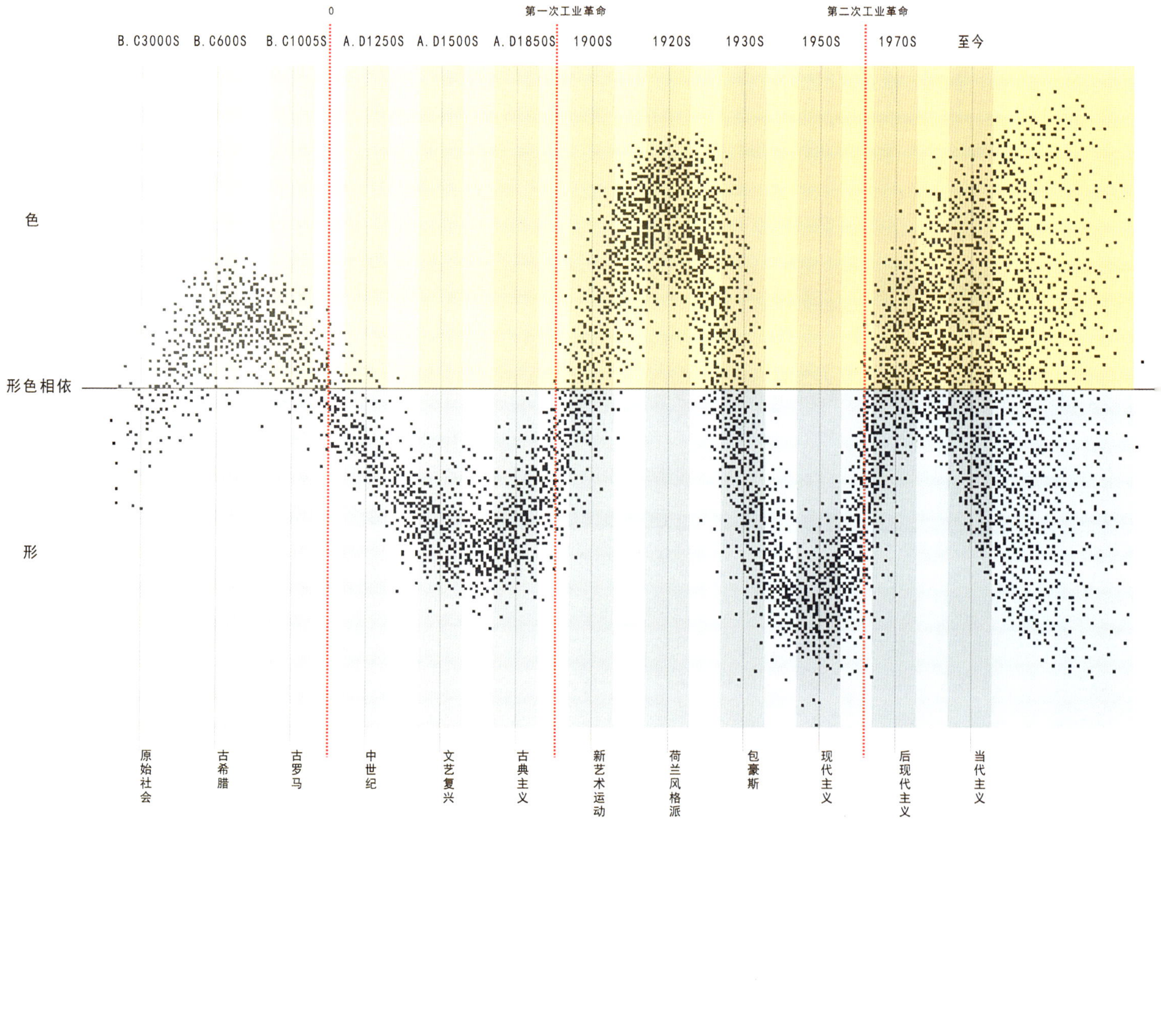

色

形色相依

形

B. C3000S　B. C600S　B. C1005S　0　A. D1250S　A. D1500S　A. D1850S　第一次工业革命　1900S　1920S　1930S　第二次工业革命　1950S　1970S　至今

原始社会　古希腊　古罗马　中世纪　文艺复兴　古典主义　新艺术运动　荷兰风格派　包豪斯　现代主义　后现代主义　当代主义

图 20

色彩与形体双螺旋曲线发展的关系图

47
林徽因.中国建筑彩画图案 [M]. 1953：序.

48
《营造法式》编于熙宁年间(1068-1077)，成书于元符三年（1100 年），刊行于宋崇宁二年（1103 年），是李诚在两浙工匠喻皓的《木经》的基础上编成的，是北宋官方颁布的一部建筑设计、施工的规范书，这是我国古代最完整的建筑技术书籍，标志着中国古代建筑已经发展到了较高阶段。

49
李路珂.初析《营造法式》的装饰——材料观 [J]. 建筑师，2009（3）：45-54.

50
梁思成.清式营造则例 [M]. 北京：清华大学出版社，2006：27.

相统一；第二,彩画色彩的选择与建筑构件的受光面和阴影面有关；第三,彩画色彩的交错构成'活泼明朗的韵律感'；第四,古建筑丰富的色彩易于与优美的自然景物相结合,构成'美丽如画'的景象。[47] 色彩并未成为独立的建筑空间预言的构成方式。

我国仅存的较全的两部古代建筑专书——《营造法式》[48] 和《清式营造则例》,色彩方面内容也甚少,更多的是相较于大木构架的建筑结构力学和数理美学规律的探索,并都集中在彩画这一范畴,作为装饰来讨论。

在《营造法式》中,虽然作为建筑主体材料的木、石、土单独分类,但是对于其具体的色彩并未太多提及。然而作为装饰之用的色彩,尤其是在彩画作中的规定却细致入微。该书一共出现了104种颜色名称,其中青色系23种,绿色系25种,红色系29种,另有黑白、黄紫、金等每色均在5种以上。[49] 按照梁思成的理解：色彩并不是无用的脂粉,而是木构建筑物结构上必需的保护部分。瓦上的琉璃、木料上的油漆,都是需要产生的,所以色彩在中国建筑中的发生,首先是结构上必须而得的自然结果。[50]

随着封建制度的瓦解,以色彩区别贵贱尊卑的观念也随之终结,色彩成为人人可以自由选择的对象,色彩观念也从禁锢走向了开放。

传统的本土建筑学营造,主要是以民间师徒相授的方式,自1950年代到2000年逐渐转为新式学科的方式,基本上沿用了当今西方的现代教育模式。在采用建筑类院校大规模培养专业人才模式的同时,又恰逢现代主义建筑在中国流行的时期,由于摒弃装饰,强调纯雕塑感的现代建筑风格,以及以功能作为第一出发点,

导致其在一定程度上造成了对建筑色彩与形态、文化关系的忽视，注重色彩构成的训练技巧而轻色彩设计的观念培训。

当下的建筑学整体教学模式已经发生了革命性的变化，教育的跨界模式与融合，已成为一个趋势。同时，社会对于色彩的需求度与应用度也在提升，开放性的大学、线上课堂教学以及色彩逐渐成为一种设计或者创作的独立语言、思考的思维源头，彻底打破了纯粹的"色"与"形"的意义，而是将这个清晰的历史文脉发展过程，通过美学逻辑产生的递进关系来实现如何更好地应用于现实与未来的诉求。

3.3.2 技艺之道

按海德格尔的解释，技术的词源（Technik）和意源皆是"技艺"（techne）。他在《技术的追问》中写道："技艺是某种创作、产生、产出，又指一种'认识'，甚至意味着'美的产出'或'艺术'，也指美的艺术的 poiesis（创作）。"

因此，技艺既有现代技术的硬性支撑化的一面，又有其根源处的柔性艺术创作产出化、隐显交织地解蔽化或自身的缘构发生化的一面，更微妙地引发结构渗透更新。

"借物呈色"是利用材料本身的特质来表达人文性隐喻的认知，物是作为观念寄托的参考。色彩的质感需要依托具体的材质来呈现，但材质需借助技术加工完成，加工工艺的不同，直接导致了物象品相的差异。

51

维克多·什克洛夫斯基. 作为手法的
艺术 [M]. 北京：生活·读书·新知三
联书店，2009：12.

"陌生化"，是俄国文学家维克多·什克洛夫斯基（Viktor
Shklovsky）提出的创作观点，针对某一种日常生活中多见的、具
体的创作材料，运用艺术的处理方法，使其"陌生化"，在包含原
有记忆因素的同时，又产生现实的距离感，使得观赏对象产生微
妙的既熟悉又陌生，似是而非的感觉，这种感觉既锚固于当下，又
超脱于现实。[51]

"就地取材"是江南传统乡镇建筑营造的基本方式，这些材料或
是取自于环境的天然土壤，如土、木、石等，或是以当地的工艺手
工加工完成，如砖、瓦等。随着当下技术的快速发展，已经抽离了
传统材料的"结构"内涵，砖、石、木等传统材料在当代建筑中呈
现出表皮美学的建构方式，大多是以一种"陌生化"的方式再现。
在当下中国的乡土实践中，因为材料技术与空间氛围营造的不
同，色彩表情的表达呈现丰富的类型。

一、手工再造

《建筑十书》里，维特鲁威把制作的工艺以及制作的时间视为与
材料的性质不可分离的要素，戈特弗里德·森佩尔（Gottfried
Semper）在《建筑四要素》中描述材料（织物、泥土、木和石材）
与其加工方式（编织、制陶、木工和切石术）之间的转换，认为材
料本身不能表达任何意义，是工艺赋予材料的意义；即使是日常
可见的传统型材料，通过造型的变化、工艺构造方式的改变，可产
生"再陌生化"的艺术效果。

位于北京怀柔区的篱苑书屋，是一座公益书屋。书屋结构的主体
框架是现代的钢骨架体系，对于外表皮的处理颇具匠心，采用的

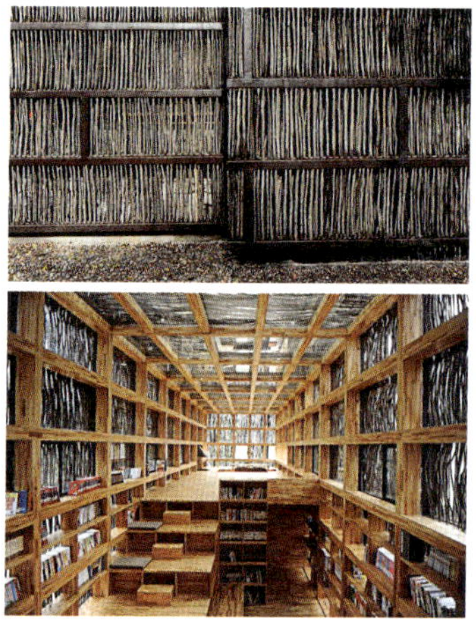

图 21
篱苑书屋的材料构造处理

52
李晓东. 篱苑书屋 [J]. 世界建筑，2011
（11）：108-113.

是当地非常多见的柴火秆，它是由山里捡来的废弃的树枝，简单加工修剪而成的。建筑的主体结构骨架由方钢焊接而成，钢化玻璃外围，预留的间隙中，插上柴火秆，既遮阳又透光，以此作为建筑的外表皮。[52] 冬日，植物干枯，山谷褪变成灰色，书屋便融入山谷景致中；春日，柴火秆会吸引鸟来做巢，泥土混合着植物相伴生长，钢骨架硬朗的结构体系已被表皮覆层，柔化在环境的变迁中，与书屋特有的静心阅读的氛围相契合，书香满溢，同时展现出强烈的在地陌生化的创作属性。

二、"成分改良"

"尘归尘、土归土"，是中国古老的哲学思辨。夯土作为人类最早构建自己家园的材料，取自于自然，风化破损后又可以归附于自然，是绿色生态的材料。江南乡镇的传统建筑，尤其在山地缓丘区块，有大量的夯土实体存在。

传统夯土建筑，工匠并不会对黏土做具体的科学测试，黏土多取自村落附近的山上，黏土中天然砂石等骨料具有黏合作用，但强度和耐久性差，遇水侵蚀后容易坍塌，也害怕冻融和风的侵蚀。现代夯土墙施工技术，引进了土壤固化剂等新型材料，在保留夯土材料朴素表情的同时，大大提高了夯土墙的承重能力和使用寿命。

甘肃的毛寺生态实验小学，因建筑造价的限制，建筑师结合当地传统的施工工艺，采用了小式建筑的穿斗式木框架结构，保证了侧翼的抗倾覆力，夯土不是作为整块的墙来夯土，而是通过加工，转化为一米见方的夯土砖块，再砌筑而成。在底部，为防止雨水浸蚀，以石材为主，外立面用掺了小石粒、小青瓦的麦草泥粉饰，

53

吴恩融，穆钧. 基于传统建筑技术的生态建筑实践——毛寺生态实验小学与无止桥 [J]. 时代建筑，2007（6）：54.

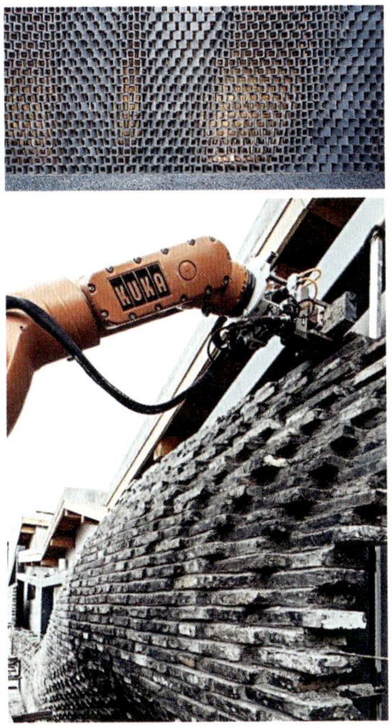

图 22
绸墙的数字化建造工艺

54

视觉中国. 隈研吾的作品集.2010：25.
55

袁烽，何金. 多维逻辑下的数字化建造 [J]. 新建筑，2012（1）：4-9.

整个建造过程，实现了低技乡土化。[53]

由隈研吾设计的安养寺坐像收藏室的遗址外界围墙，同是采用了夯土砖材料，经过冲压及内掺入强化剂等现代技术处理，使得 324mm×400mm×275mm 尺寸的夯土砖块本身符合人工砌筑手抓的尺度。同时，与毛寺生态实验小学的夯土砖作为主体围护不同，收藏室的夯土砖只是作为外表皮的饰面材料，为与内部结构有效衔接，夯土砖的断面两端被设计成三角形缺口，当砌筑时合成一个 U 型凹槽，内灌混凝土砂浆，与主体结构相连。层次渐变的夯土砖块在光影移动中可酝酿丰富的宗教氛围，并且因通风的合理性，可起到调节湿度的功效。[54]

三、参数化的诗兴表达

砖、石等是传统乡土建筑中最具代表性的材料，有着特殊的建构魅力，但因当下日渐衰落的手工砌筑技艺，无法呈现出传统"清水砖墙"的丰富表现力，因此，可以通过数字化模拟低技建造的方式，与本土传统的建筑材料及工艺相结合。

以空心混凝土砌块为例，它是当下乡村建筑中最常见、也是最便宜的材料，质感粗糙、色彩朴实，与其周围建筑改造气质契合。因原场地为棉纺厂，本身的产业记忆留下了纺织品柔软、细腻、韵律变化的意象。建筑师袁烽利用计算机数字技术，对空心混凝土砌块重新建构。支撑的主体结构为钢筋混凝土，色彩与砌块一致，只不过肌理一个为敦实，一个为通透。在计算机的参数设计下，作为表皮的空心混凝土砌块在外立面预设曲线的调控下波动流转，名为"绸墙"[55]，再现了硬朗的砌筑材料在光影下呈现的丰富

色彩变幻表情。

技艺之道,因为工艺技术的更新,参数化等非手工加工方式的引入,使得寻常材料呈现另有的构造表情。随着当下 AI 人工智能、大数据、互联网 + 等技术革命的迅猛发展,色彩的风格与表现已不再是历史博古架里的陈列物,与新的技术拥抱结合,对于材料的不停尝试与创新,比如结合人工智能强大的计算能力来完善服务场景,可控的视觉生成以及根据空间情境的智能配色系统,算法生成,并以 3D 打印的方式将材料载体直观呈现等等综合的表现手法,都是可预见的趋势。

3.4 印刷与拼贴

3.4.1 两个过程

"印刷"与"拼贴",喻示着建造的两个过程,一个是预先规划的,规则清晰,结构秩序明确,强调的是从总体上来控制;另一个是未规划的有机生长,表现的是一种接近自然物的形态,强调个体偶发性的创造。

"科学家靠的是概念,用已知的结构来创造事件;拼贴匠靠的是记号,用手边的工具和材料将零碎的事件和经验组成结构。"工程规划师即传统意义上的科学家,基于前人研究的科学成果、理性逻辑的认知基础,预先确定结构,是整体事件逻辑中严谨的一环。

而拼贴匠同样需要借助其他的支持,但他关注的不是结构,而是具体材料和工具,即"事件的存余物和碎屑。""拼贴匠善于完成大批的、各种各样的工作,但是与工程师不同,他并不是每种工作都依赖于获得按设计方案去设想和提供的原料和工具:他的工具世界是封闭的,他的操作规则总是就手边现有之物来进行的。这就是在每一有限时刻里的一套参差不齐的工具和材料,因为这套东西所包含的内容与眼前的计划无关,另外与任何特殊的计划都没有关系,但它是以往出现的一切情况的偶然结果,这些情况连同先前的构造与分解过程的剩余内容,更新或丰富着工具的储备,或使其维持不变。因此,拼贴匠的这套工具就不能按一种设计来任意确定其内容。此外,像工程师的例子所表明的,有多少不同种类的设计就有多少不同的工具和材料的组合"。[56]

56
列维・斯特劳斯. 野性的思维 [M]. 李幼蒸,译. 北京:中国人民大学出版社,2006:31.

拼贴操作方式构成了传统城市的基础,日积月累、自然生长,而现代城市所强调的则是一种关于未来世界科学式的整体愿景,是通过虚拟模型、图纸空间以及一系列容积率、日照间距等规范数据所预先限定的空间想象,有如印刷成果的输出,是宏观整体设计下的设备数据的预设。

3.4.2 印刷术·法式

"印刷"的思维即前面所提到的第一种科学的思维,用预设的结构来创造事件。列维·斯特劳斯认为这种思维的职业指向是科学家和工程师:科学家依靠的是已有的知识结构来解决问题,而工程师则是依赖于获得按设计方案去设想和提供的原料和工具。

"印刷"的思维模式来自于印刷术的发明,极大地提高了生产效率,为机械复制的发展提供可能性,并为知识与信息的一致性传播提供功能支撑。"印刷术的模件体系的基本原则是其组件的可置换性。这个体系由渐次复杂的几个层次构成,在严格的框架内,可包含无穷无尽的变化。一致性是根本要求,允许一些特殊的处理,但不常见且易识别。当一名工匠着手他所熟悉的模件系统内的某项具体工作时,他会发现需要准备的都已准备好了,他能迅速进入角色并施展技艺。他的选择权不大,途径也很明确。他必须在既定框架之中发挥技能以甄完美……与所有的模块体系一样,金简的体系保证了生产过程的秩序和效率。利用这个体系,他得以应对头绪繁杂的工作,照例包括劳动分工。"[57]

《礼记》记载,"木盈,天子丹,诸侯黝,大夫苍,土黄圭。"中国传统城市的色彩营造可比拟为"礼乐"文化精神与儒家思维体系

57
(德)雷德侯.万物:中国艺术中的模件化和规模化生产 [M]. 2 版. 张总,译. 上海:生活·读书·新知三联书店,2012:16.

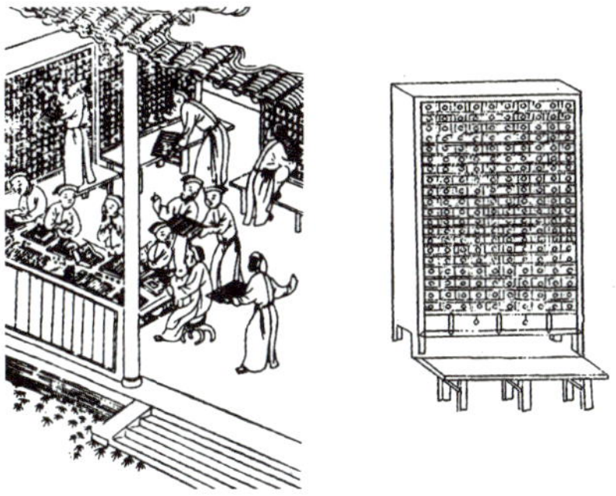

图 23
古代雕版印刷的工作场景与金筒设计
的字模盒

控制下的"雕版印刷"。《营造法式》全书分为制度、功限和料例三大部分,"材分制度"是其控制建筑形制的核心,以标准的模数控制从小式的民间单体建筑到恢宏的皇家深宫大院的建造,古代的工匠严格按照规范来实施具体的建造。《营造法式》中的彩画色彩分为三个等级:和玺彩画、旋子彩画和苏式彩画。沥粉贴金、龙凤呈祥的和玺彩画只能用于最高等级的宫殿,花纹绚烂的旋子彩画一般用于大式的官式建筑,苏式彩画则用于民间,色调素雅、不得僭越。由此可见,《营造法式》所规定的古代规划师是典型印刷匠的思维模式,从整体的结构出发。

现代城市或者城镇的发展,有如丝网印技术,与传统的雕版印刷的模块化不同,呈现出随时代发展的突变性与更新性。丝网印刷制版的原理在于印刷的图文部分网孔透油墨,非图文部分网孔不透油墨,通过刮板将油墨顺势挤压在网孔透过的承印物上,从而呈现印刷效果。因此,网孔的设置并非均匀,而是按照设计者的预先设定排列,每一版印刷,都是一个时代的样式和痕迹,并在相应的区域内更新。

色彩的形成与积淀是伴随着时代变迁的,"过去的颜色,被视为城市的基础色状态,也称为'本色',而新增的颜色则被视为'新色'。因而,城市色彩画面,就像套色丝网版画的印刷机,每一个时段就会有一个时代色彩的网板刮过,进而添置一些新色,覆盖一些旧有的颜色。有些新色出世,能够被基础色彩相容,便会形成新的本色状态;而那些不相容的颜色,则随着时代发展很快被剔除掉,或者被下一个时期的新色所覆盖。因此,色彩是一个动态的变化过程。"[58]

58
宋建明,胡沂佳."看"与"见"——
城市色彩研究专家宋建明教授访谈 [J].
建筑与文化,2009(8):3.

3.4.3 拼贴术·日常

拼贴术的概念源自法国哲学家列维·斯特劳斯在《野性的思维》一书中使用的"拼贴匠"（Bncolage）一词，拼贴术指代的是一种"自下而上"发生的过程，参与建造的人们并未限定在宏观的、原先被赋予的结构性控制中，而是一种潜在无意识。而在这个过程中，虽看似无意识，实际却是日常集体记忆里的价值判断，是其最深层次结构的延续。

拼贴的过程充满了随机性，因操作维度的控制，采用的基本都是随处可见的材料，类似传统自发形成的城市与聚落，都是因有序拼贴，自然而然发生的结果。而拼贴的参照并非是整体性的结构，而是基于现状既有的环境与条件，好比地形地貌的起伏、地域性材料的获取方式等，也包括作为使用主体的个人对建造对象的实施判断。

2016 年，普利兹克奖获得者智利建筑师阿拉维纳为低收入人群做的开放式的设计模式"Half of a Good House"——"半舍"，恰当地诠释了这一概念。因为造价的限制，由政府出资，建筑师设计建造一座正常住宅中比较"复杂的一半"，建筑师搭起框架，建好厨房、浴室、屋顶等，同时为居住者留出空间，让他们可以根据自身实际生活的需要，动手搭建完善。以金塔蒙罗伊住宅为例，主体预设的架构逻辑清晰，而每户搭建的空间类型多元并存，其色彩表情并非对比强烈，基本都是木板的暖色。或许是因为使用的材料都是极为常见的、可以即时挪用的，因此，当居住者自己来建构的时候，由于不是商品房买卖的消费行为，而是实在的生产，他们就会计算用最省钱的造价来实现，就像阿拉维纳自我评价道的"建筑不仅是文化，还是社会行为。"

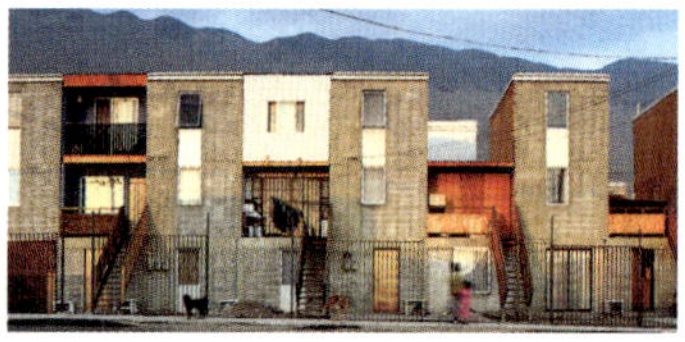

图 24

阿拉维纳设计的金塔蒙罗伊住宅，居民自己动手实现的中产阶层生活标准

59
（德）雷德侯. 万物：中国艺术中的模件化和规模化生产 [M]. 2 版. 张总, 译. 上海：生活・读书・新知三联书店, 2012：22.

60
郭湖生. 关于《鲁班营造正式》和《鲁班经》[J]. 科技史论文集, 2008：7.

在中国的传统村镇, 工匠们所扮演的角色是"既造又设, 运用师承的既有建筑造型、空间组织规则以及构筑方式, 支持人的生活"[59]。他们一方面传承着传统工艺的规范样式, 另一方面随着场地条件以及东家的要求适当修改, 于细节处见差异, 也是传统建筑营造的奥妙之处。

虽然在《营造法式》《工部工程做法》《鲁班营造正式》《鲁班经》《营造法原》等中国古代民间建造的著作中对匠艺内容有相关记载, 然而, 实际上技术的传授并不依赖这种书本, 而是言传身教, 在实践过程中进行。[60]

在古代的匠行学徒中, 师傅一般不会轻易把关键性的口诀授予徒弟, 徒弟需要在模仿师傅示范做工的过程中, 用心体会、细心琢磨, 慢慢地摸索出个人的经验套路, 并反映在建筑的做法上, 但与师傅的做工相比肯定有些细节的出入。另外从表面看来, 一个地域、一个村镇的建筑样式几乎"千村一面", 但细细观察, 又没有一家一户是完全相同的。原因在于, 古代不是现代, 有专业的设计师, 可以与业主通过图纸进行沟通。古代是东家和匠人一起充当现场设计师的角色, 根据现场的实际问题和工匠的具体操作经验进行, 可谓是边设计、边施工、边修改, 同时工匠也可以在营造规范和东家既定的框架下发挥, 各有特色。

因此, 即使在过去一直延续《营造法式》与《鲁班经》的相对稳定的民间经验建造体系却依然产生了各具地域特色的城市、乡镇与村庄。有如中国山水画的法式营造, 历代的山水画家们通过观察, 对山树石水、屋宇舟船、点景人物等提炼, 概括出一套套具有示范意义的画法, 虽源于对象, 但又不简单限定于对象, 不是固定, 而是流动更新。

3.5 知觉与氛围

3.5.1 知觉的情境

"以身体为核心的在场的时空关联,被纳入的是一种'情境空间性',而不是'位置空间性'。对于身体而言,它所谓的'这里'不是某种确定的坐标体系,而是积极的身体面对任务的情境定位。"

——梅洛 – 庞蒂

从前的人们分辨色彩是基于日常生活的认知,是有诗意的,竹青、月白、黛蓝、胭脂……色彩的层次让我们从视觉上感受并善意描述这个世界的质感,彰显的是一种文化的韵味与可回溯记忆的联想。

61
许慎.说文解字 [M].北京:九州出版社,2001:200.

62
许慎.说文解字 [M].北京:九州出版社,2001:288.

63
许慎.说文解字 [M].北京:九州出版社,2001:19.

《说文解字》释义:"翠:青羽鸟也。"[61]"丹:巴越之赤石也。"[62]"碧:石之青美者。"[63]"借物呈色"是古代色彩表达的一种方式,大部分色彩词都是从名词的称谓衍生而来,并涵盖这一词在整体环境的认知。随着时间的推移,这些色彩词如基因般慢慢整合进国人的表述习惯,成为独立描述的词汇,有些借代名词的物在当下已不复存在,仅靠知觉联想。

现代化工业色彩的发展,以抽象的数字和符号标示,可以说,按照科学色彩体系的调配,RGB 和 CMYK 的调整,使得任何色彩都可以实现,但当我们面对一堆全色系的色卡时,又难以下手。比如,北京奥运会举办时,当年的色彩定位为"多层复合灰",对于有色彩知识背景的人群来说,可以理解这个灰可浓可淡、可暖可冷,但是对于日常百姓来说,这个概念过于抽象,不便理解,一谈及灰就是纯粹色块的联想,因此受到很大的争议,包括当年广州

的亚运"黄",也遭遇如是问题。所以,2006年,中国美术学院宋建明教授对于杭州城市色彩的研究定位为"一卷水墨淡彩的江南诗意画",既符合地域性的文化空间想象,又把色彩的演绎表达清晰,便于市民接受和色彩的实施管理。

色彩的知觉情境联想,至少有两个层次:一个是初级的,来自视觉本能,比如大红使人激动、黑色使人忧伤、蓝色让人冷静,以及冷暖感、强弱感、进退感、涨缩感等。第二个则为高级层次,来源于后天经历中对色彩的记忆,日常无意识在观念中的积累,比如蓝色使人想起天空、大海,有退后、深远的效果,能唤起对大海航行的记忆;而褐色使人想到土地或砖墙,稳重且显得近前。如梅洛 - 庞蒂解释的:"被知觉的景象不属于纯粹的存在。正如我所看到的,它是我个人经历的一个因素,因为感觉是一种重新构成,它必须以在我身上的一种预先构成的沉淀为前提,所以,作为有感觉能力的主体,我充满了我首先对之感到惊讶的自然能力。"[64]

对于风格派将颜色抽象提取为红黄蓝三原色不同,柯布西耶主张真正意义上的"原色"应该具有自然意义,以及唤起对特定事物联想的功能。也正如柯布西耶的原色在用矿物颜料调制颜色的过程中,兼顾人们日常生活和绘画与建筑的传统,从中选出他的"原色",这些都是长时间影响着人们的颜色,以及地域性人们使用的习惯。[65] 其中包括作为"色调颜色"的土黄、深红色、褐色、白色、黑色、群青;作为"活跃颜色"的柠檬黄、橙黄、橙红、朱红、浅绿和浅钴蓝;以及作为"过度颜色"的大红、翠绿等。"原色"的描述并非色彩本身,而是超脱了色彩的本体性,体现的是凝聚于色彩之上的人们的集体记忆联想。 ■ 图25

64
莫里斯·梅洛 – 庞蒂 . 知觉现象学 [M]. 姜志辉, 译 . 北京 : 商务印书馆, 2005 : 278.
65
柯布西耶的色卡 . 源自网络 https://www.douban.com/note/476639811/

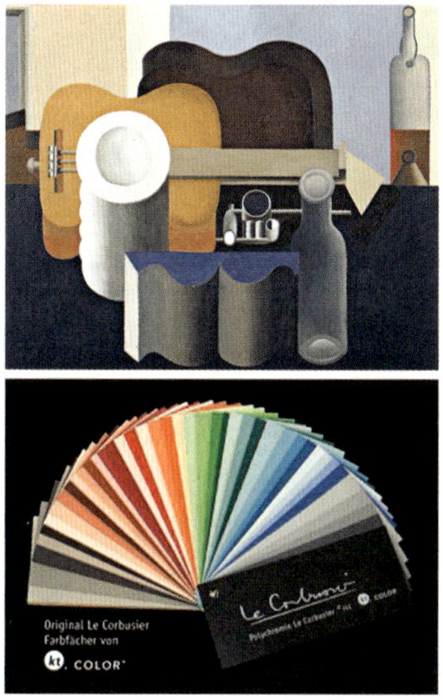

■ 图 25
柯布西耶的绘画用色与其于 1933 年设计的 KT 色卡

上海的"一城九镇"计划在各个小镇的实现过程中,颇受好评的是在规划中被定位为意大利风格的低密度城镇——新浦江镇,因其开始思考项目本身的"当代中国特性"。

当时在中方给的文本里标注的"意大利风格",而在意大利事务所格力高帝(Gregotti Association International)为浦江新镇规划的投标文件里却是用"Italian Character"(意大利特质) 代替"Italian Style"(意大利风格)进行阐释。因为在意方看来"当赋予一座新镇以一种'意大利特质'时,要考虑到两个方面的事实:首先,这一特性建立在从当下视角所理解的历史意识之上;其次,这种意识将为未来的设计提供参考。"[66] 风格只是一个表象效果的归类,但是特质却是深入骨髓,并带着历史性的思考,而且这种历史特质会跟随时代变迁,立足的是当下,指向的是未来,而并非静止僵化的图景。

这是自文艺复兴以来,意大利设计师骨子里便拥有的"历史性"基因的表征:"对过去的抛弃,和在他们所理解的对于当下有效的基础之上自发地或选择性地使用历史形式 – 反历史主义和历史主义 – 拥有共同的时间意识"。[67] 所以从一开始,设计师就以意大利文艺复兴初期的画家皮耶罗·德拉·弗朗切斯卡(Piero della Francesca)的作品作为比拟,用光和色彩敏感创造了画面深远的空间感,表达完美的比例所构成的理性之美,传达优雅、理性、深远的生活气息,对于项目定位的知觉情境有了整体的预设与控制。

浦江新镇整个空间系统的规划秉承了意大利设计的理性风格,规整且十字交错的路网,均质的组团空间,并以清晰的类型学观点进行内部空间的划分设定,又与中国古代"匠人营国"似的空间格局类同。

66
薛求理,周鸣浩. 海外建筑师在上海"一城九镇"的实践——以"浦江新镇"的规划及建筑设计为例 [J]. 建筑学报,2007(2): 16.

67
薛求理,周鸣浩. 海外建筑师在上海"一城九镇"的实践——以"浦江新镇"的规划及建筑设计为例 [J]. 建筑学报,2007(2): 18.

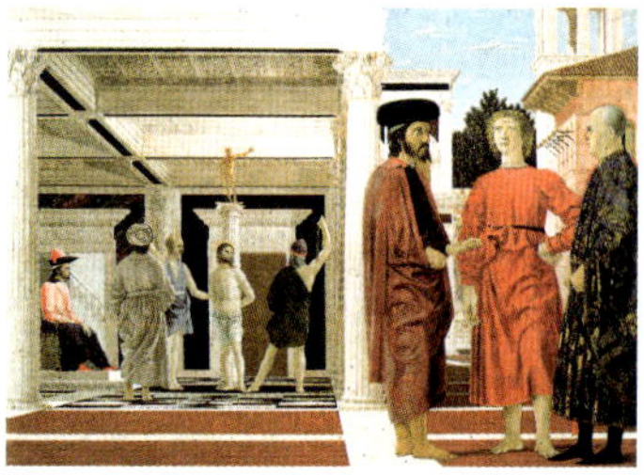

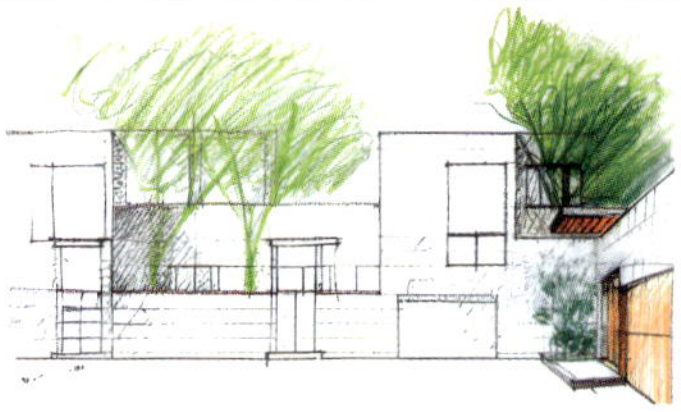

图 26
皮耶罗·德拉·弗朗切斯卡的绘画作品与构思中的建筑草图美学联想

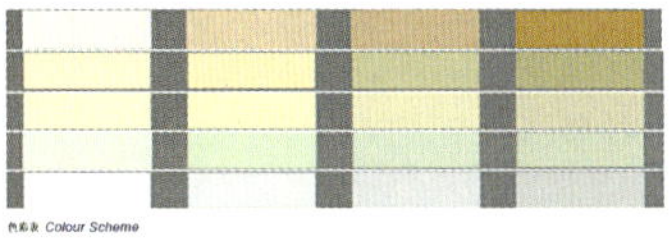

图 27

设计使用的外立面材质色彩表

新镇区色彩营造的情境关系还是以德拉·弗朗切斯卡的绘画为基调,色调上以米黄色调为主,配以高透光玻璃的浅蓝绿色,表达出意大利空间的色彩意象。在色彩和具体材质的选择上,在低密度的别墅区板块,外墙是取材于苏州的花岗岩,表皮凿成荔枝面纹理,内院的墙面是混合了不同骨料与粉末的大地色系涂料,呈现出暖灰渐变的色彩关系,层级内退。高层公寓是大色块的处理方式,在建筑体量的内凹空间使用暗色调的普蓝、橙色陶瓷墙砖与涂料,远观具有标志性。

实践证明,经历了十几年的岁月流转,浦江新镇已慢慢积淀融合,社区的家园氛围与高入住率证明了最初规划定位的明智,历史性地理解"意大利风格",以绘画色彩先行的知觉情境设定,对发展的定位走向起到了重要的作用。

3.5.2 氛围的美学

"……到底是什么打动我?我怎样才能让它融入我自己的作品?我怎样才能设计出,就像那张相片里的房间一样——我特别喜欢和推崇它,我从未看见过这样的建筑,实际上我简直认为它不存在——这正是我爱看的一座建筑。人是怎么设计出这样美观而深具自然气质的东西的!一个合适的词就是建筑氛围。"

—— 卒姆托《建筑氛围》(*Atmospheres*)

卒姆托用"氛围"一词来形容他的建筑以及环境的关系,其观念的核心是所有的感官的直接体验,包括视觉的和非视觉的。2006年,卒姆托出版了《建筑氛围》(*Atmospheres*)一书,书中讨论了有关于建筑氛围的 9 个相关主题,从建筑本体、材料的兼容性、空

间的温度、密切程度、万物之光等维度，最后上升为整个美学的审视层次。在卒姆托的观念里，诗意来自物质本身，源于现象引向现象，建筑本身则同样是具体的现象。

氛围，可以理解为身体的知觉系统与客观世界的物质材料相互作用的场，徘徊在可度量和不可度量之间，场所精神的涌现源自于在具体的感知体验中所获取的经验，不是简单物理性的空间组合、系统架构，而是用心境的器质感知的整体氛围美学。[68]康德也认为人类普遍性中有先天的反思判断力，当其运作时人会得到某种快感——美感，而不是知识。当人的判断诸能力不带目的地运作时，从外部世界的具体对象返回到自身内心，由此引起内心诸认识能力相协调，这时的人就会产生享受的快感，可称之为美感。

路易斯·巴拉甘（Luis Barragan，1902-1988），是一位带有墨西哥强烈地域特色的建筑师，各种色彩浓烈鲜艳的墙体的运用是巴拉甘个人设计中最鲜明的特色。这些彩色的涂料并非来自于现代的涂料，而是当地墨西哥市场上随处可见的自然成分染料，由花粉和蜗牛壳粉混合以后制成的，并且常年不会褪色[69]。如图 28 所示的粉红色的墙，其边上常有一丛繁盛的同样色系的花——它是墨西哥的国花大丽菊，墙体的色彩就取自于这些花。巴拉甘对色彩的热情，使其在作品创作中不断尝试色彩的各种有机组合，而这种创作体验使得原本几何化冷峻的构筑物透出丝丝温情，自然的光与空间中色彩浓烈的墙体交错在一起，产生进入式魔幻体验的诗意情境。 阿尔多·西扎对于巴拉甘曾如是评价："巴拉甘认为作为一个建筑师懂得如何去观察是十分重要的。这种观察是不受理性分析压抑与控制的纯视觉的感受……然而，偶尔我们会出乎意料地从并不被人注意的景观中发现令人振奋的

68
沈克宁.建筑现象学 [M].北京：中国建筑工业出版社，2008：68.
69
大师系列丛书编辑部.路易斯·巴拉甘的作品与思想 [M].北京：中国电力出版社，2006：22.

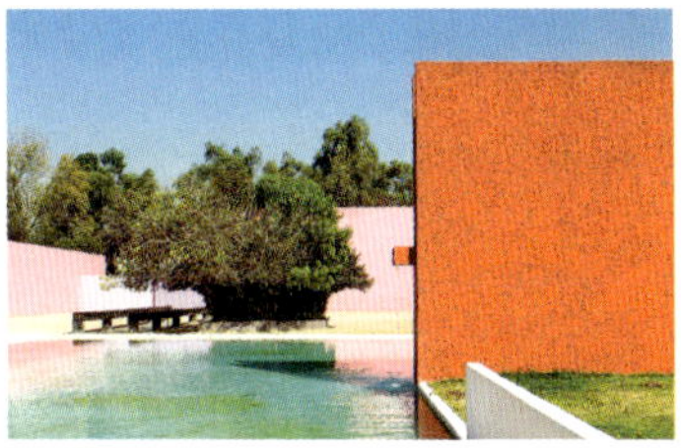

图 28

巴拉甘建筑的色彩氛围营造

70

倪梁康.胡塞尔选集[M].上海：生活・
读书・新知三联书店，1997.

71

张尧均.隐喻的身体——梅洛-庞蒂身
体现象学研究[M].杭州：中国美术学
院出版社，2006：23.

细节。"

无论是卒姆托、巴拉甘还是西扎，对于场地对象的处理，是将客观
的对象用整体的知觉、记忆去丈量其存在，而这种丈量的工具是
人的经验判断、想象与记忆。这种通过直观来把握本质的方式，
在胡塞尔看来，可以诠释为："自身经验具有自己看见的事物，并
且在这个自身的看的基础上注意到相似性，而后进行那种精神上
的递推，在这种递推的过程中，共同之物、红、形状等'自身'地表
现出来，就是说，被直观地把握到。"[70]

色彩是一种直观的视觉场，而美是理念的感性显现。人之所以能
看到事物，是因为这个视觉场内的可见物早已"按照一种最初的
约定和一种自然的赠予"，自然地与人的目光协调一致了。因此，
看不是人对事物的一种单向赋义，也不是人对外界刺激的被动反
应，而是人与事物之间的一种相互敞开，相互交流[71]。以睡眠作
比拟，入睡的过程其实是人的身体和精神与周遭环境慢慢渗透，
形成一体化的状态，前提是人要全然地放松，将自己所有的感官
触角自由散发、交还场景，才能自然而然地融入氛围之中。

色彩之于场所精神的向度研究的意义在于建构一个建筑色彩本
体性研究的方法论体系与理论模型，从场所与基因、仿生与结构、
质色与物象、印刷与拼贴以及知觉与氛围这五个向度，深入剖析
建筑色彩场所精神的构成层次，对建筑色彩的营造提供借鉴，以
色彩的方式建构新的公共空间领域。

向度一 —— 场所与基因，是色彩之于场所精神的本质属性。从
自然场所的色彩要素、文化基因与集体记忆的色彩观念以及日常

生活经验中积累的色彩角度,分析由单一样式化、像素化的色彩,转向基于不同地域的场所特性及文化基因的价值判断,放置进时间的向度考量。

向度二 —— 仿生与结构,是色彩之于场所精神的内核特征。从"气色"仿生的观念、色彩内化于结构的深度的角度,分析由表皮图像化、符号化的色彩,转向基于深层结构表象呈现观念的表达,并在稳定的变迁中有机更新。

向度三 —— 质色与物象,是色彩之于场所精神的表象呈现。从西方与中国建筑色彩历史维度中的形式与色彩关系的辩证讨论,到研究具体材质的工艺之道,研究由色彩与结构两分的构造关系,转向基于材料本性和工艺特性的物的要素,回归到建造的本体性语言。

向度四 —— 印刷与拼贴,是色彩之于场所精神的发生过程。印刷术指向的是自上而下的色彩发生方式,拼贴术指向的是自下而上的色彩发生方式。研究从由色彩的理想规划图景,转向基于具体的、直指实践与弹性导则相结合的过程控制,辅以数字化的手段。

向度五 —— 知觉与氛围,是色彩之于场所精神最终涌现的整体情境。研究由对于色彩的单维关注,转向基于色彩—地域性空间—场所精神一体化的氛围营造与知觉情境。

上述的五个向度在逻辑上是按照从本质到现象感知的秩序表述的,但在色彩之于场所精神的整体营造上,这五要素是不能孤立分开的,相互之间环环相扣、互为影响,形成立体的空间网络关系。

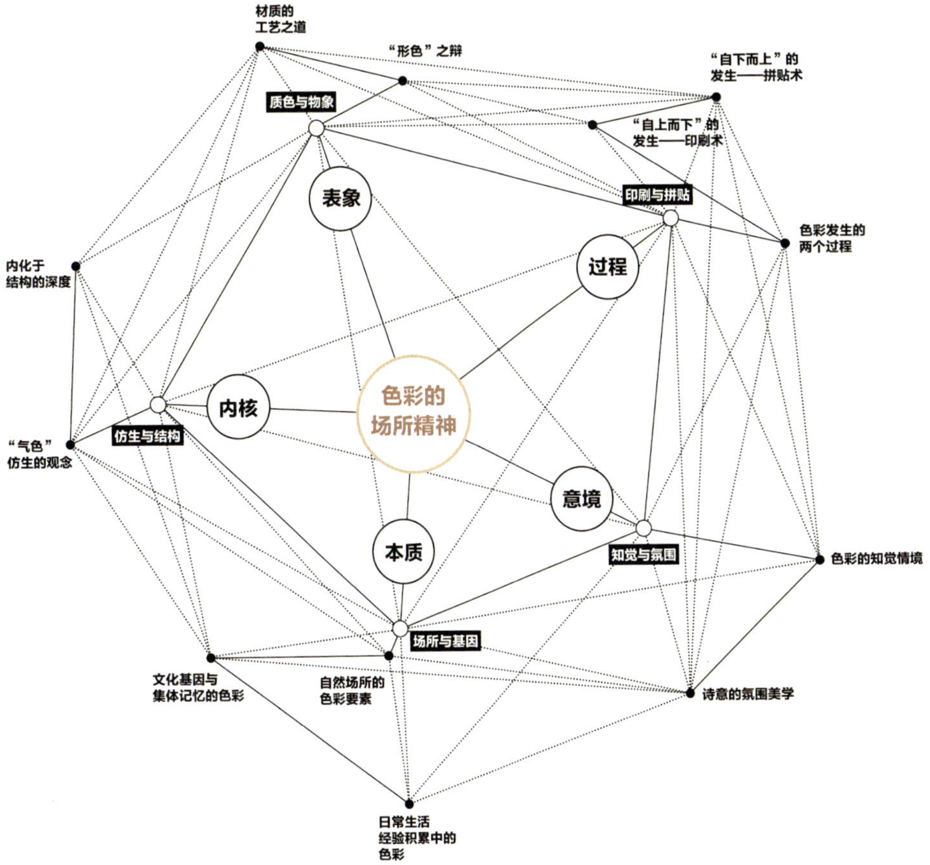

材质的
工艺之道

"形色"之辩

"自下而上"的
发生——拼贴术

质色与物象

"自上而下"的
发生——印刷术

表象

印刷与拼贴

过程

色彩发生的
两个过程

内化于
结构的深度

内核

色彩的
场所精神

意境

"气色"
仿生的观念

仿生与结构

本质

知觉与氛围

色彩的知觉情境

场所与基因

文化基因与
集体记忆的色彩

自然场所的
色彩要素

诗意的氛围美学

日常生活
经验积累中的
色彩

图 29
色彩之于场所精神的五个向度所建构
的理论模型

在场所精神的思维体系里,非科学所追求的精准理性,而是散点放射,如海德格尔所说的"林中路"那样可以向各方延伸,也如德勒兹所说的"游牧思想"和"块茎思维"一样,是多元的且多点生发的。氛围的美学,回归到的是非二元论的本源性状态之中,扎根于人性的超自然、超社会的灵性之中的,这也开户了一种本质直观的设计创作思维方法论的研究之门。

下篇　课题实践

自 2013 年以来,中国迎来新一轮的"上山下乡"潮,各地的乡村重建如火如荼地进行,"乡愁"成为一个被反复谈及的时髦话题。乡愁是什么? 是对家乡的思念,有远山、绿水、炊烟、嬉戏,一派农家景象。于是,乡愁成了一种地域的文化想象,一种寻找田园式生活的追逐。

钱理群先生的《我们需要农村·农村需要我们——中国知识分子"到农村去"运动的历史回顾与现实思考》梳理了一个世纪以来,中国知识分子五次"到农村去"的运动。历史上"五四"时期的下乡运动,是以在农村建造乌托邦的"新村","各尽所能、各取所需",共同过着边读书讨论,边从事农业劳动生产的新生活,是当时基于空想社会主义的理想。20 世纪 30 年代是以梁漱溟为代表的知识分子,大力推行"乡村建设运动",他认为中国的问题在于"以中国的固有文化为基础,吸收西方先进技术,重建民族新文化"。在乡村方面,主张"以中国传统的乡约形式重建礼俗,走一条以农业引发工业的道路",虽然初有成效,却因抗战而告终。20 世纪 40 年代的战争,穷乡僻壤成为在战争中生活与精神双重流亡的知识分子的皈依之乡。以及 20 世纪五六十年代的"到农村去,到祖国最需要的地方去"和"文革"时期的知识青年上山下乡运动。钱理群先生在文中指出,知识分子前赴后继地前往农村的真正的内在动因,是为了寻找自己的生命之根。

与钱理群先生所述的恢宏革命历史不同,本次国人对乡愁的集体呼唤,源于我们的城市化推进太快。城市化进程的无序、"城市病"的凸显以及邻里关系的淡漠,加上城市规划和建设中对人文关怀的缺失,使得在城市生活日久的人缺乏归属感,造成了我们集体的精神失落。

当代，乡村已是一个"超城市"的概念：一方面乡村所依托的多元空间文化地理，酝酿了丰富的民居类型，地域性的语言抵制着全球化同一性的侵蚀；另一方面，乡村淳朴、优越的自然环境地貌，日常生活的质朴，与城市高密度的钢筋混凝土森林形成巨大反差，成为人们心灵回归的家园。

但现实是，一些乡村的建设并未发现自身的价值，以"类城市"思路发展，照搬城市的模式加以简单套用，导致本土文化流失。在当下乡村实践的语境里，同样重复着"以特色的名义抹杀特色"的做法。比如浙南某玩具产业基地的小镇，为凸显其产业特色，在小镇核心区的原有自然村落，所有的建筑外立面被刷成与玩具用色一致的高艳度、高彩度的色彩，在一片自然的青山绿水中甚是扎眼。

出现如是现象，根源在于对玩具小镇的形象定位模糊，未从地域性的地理地貌、人文传统、产业定位及美学意境考量。该小镇并非以玩具为主题的娱乐型公园，而是以生产加工为主的工业基地，其色彩基调不符合其功能特征。高艳度的色彩可用于公共艺术或是景观节点小品的营造，在宜人的尺度彰显，并非将整个村落包裹涂刷，远看类似一个具有立体感的舞台布景。

回顾城镇化建设的过往，上海的"一城九镇"计划[72]至今仍是饱受争议的案例实践之一。"一城九镇"计划是上海20世纪90年代继浦东开发之后的第二次大规模的城市化运动，引进国内外不同城市和地域的建筑风格，并与当地的文化尴尬对接。比如枫泾古镇，因带有"枫"字，与加拿大国旗对应，结果被简单定位为加拿大风情小镇；很多其他小镇也是直接移植西方国家的"风貌"，或是简单的旅游风情拷贝，变成乌托邦理想与迪士尼的布景混合，这种作为

72

2001年1月5日，上海市政府印发了《关于上海市促进城镇发展的试点意见》，明确上海"十五"期间重点发展"一城九镇"，即重点建设松江新城和安亭、浦江、朱家角等9个中心镇。根据上海市政府《关于上海市促进城镇发展的试点意见》，"综合考虑城镇的功能定位、历史文脉等因素，借鉴国外特色风貌城镇建设的经验，引进国内外不同城市和地区的建筑风格"的要求，"一城九镇"很快确定了自己的"风貌特色"：松江新城建成英国风格的新城；安亭镇建成德国式小城；浦江镇以意大利式建筑为特色，结合美国城镇风格；高桥镇建成荷兰式现代化城镇，融入法国和澳大利亚风情；朱家角镇既凸现本土水乡古镇风貌，又有现代城镇的格调；奉城镇建成西班牙风格小城；罗店、枫泾、周浦、陈家镇建成欧美特色的小城。

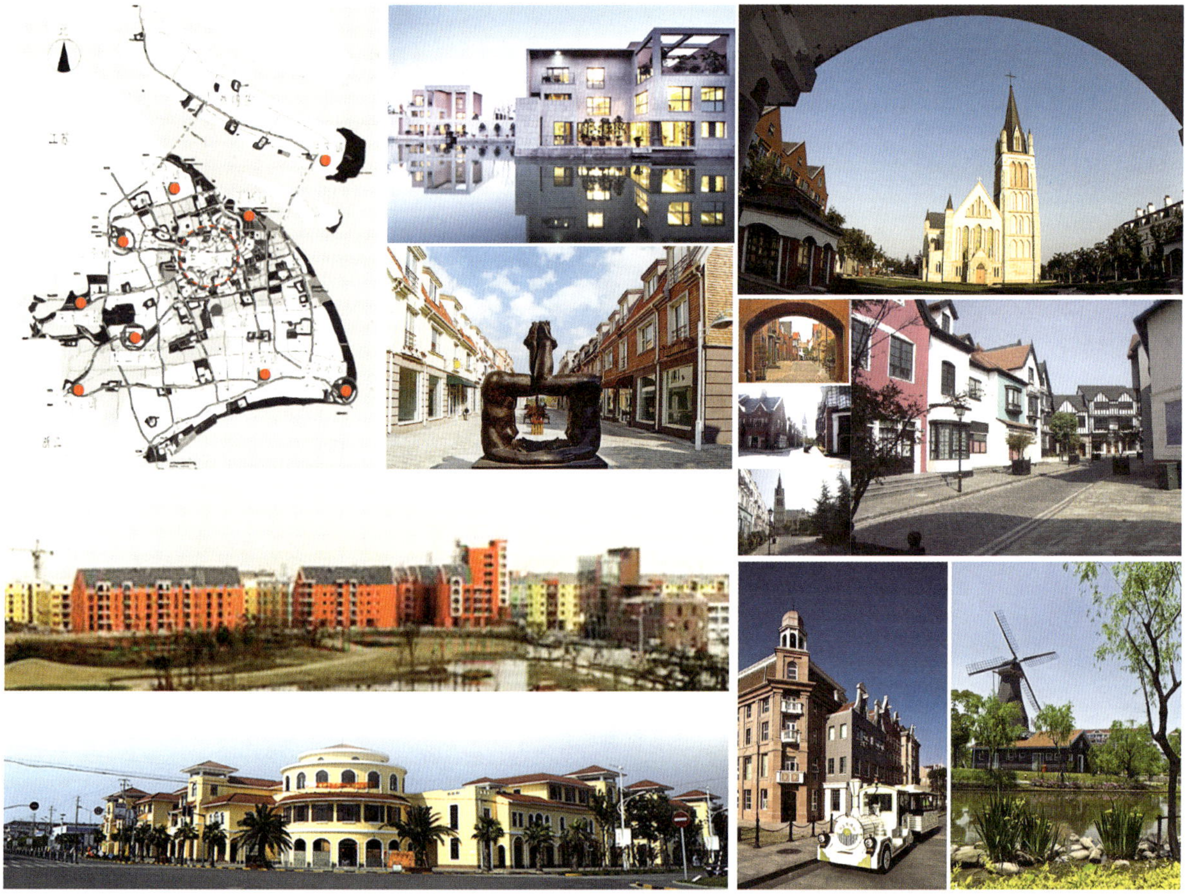

图 30

"一城九镇" 不同异域风情建筑的拼贴

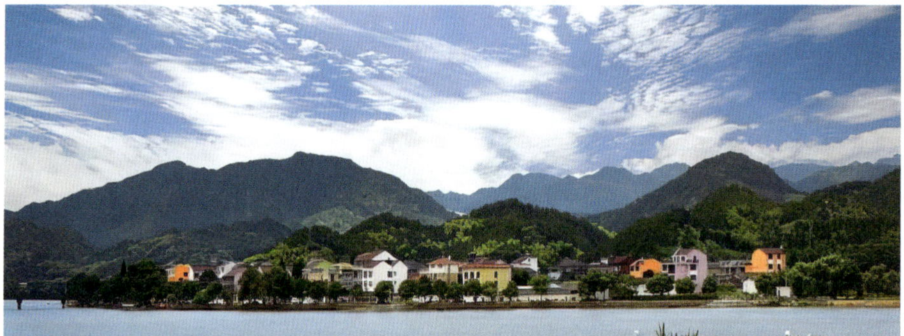

图 31

浙南某玩具小镇高彩度的建筑
外立面色彩表情

后殖民时代的异域小镇在本土主动性的建设为世人诟病。

乡镇建筑色彩乱象的根源在于：一、某些乡镇的建设并未发现自身的特有价值，照搬既有模式加以简单套用，导致本土文化的流失与断层；二、建筑色彩的营造仅依据字面上的直观理解，未从色彩与场地的深层结构关系，以及整体场所氛围的考量入手；三、色彩自有的表意方式和材料语言规律未能有效呈现，也在于色彩审美教育的缺失。

因此，色彩介入乡村建设的背景思考在于通过色彩营造的方式，有序梳理乡村的内在文脉，发挥色彩在场所氛围塑造中的美学效应，呈现地域性的自然景观。

四、案例一——西炉古村

4.1 仙梅故里

73

根据仙居地方志编撰。

西炉古村,"西"通"栖",意栖息;"炉"通"垆",意指古代的驿馆[73]。西炉村因濒临永安溪,在南宋时期是台州府—临安府的古官道的驿站,曾是繁华的商贸集散地,古仙居文化交流频繁地带。因盛产杨梅,在村口的山顶上有刻有"仙梅"二字的题词。

古代村落的选址看重风水,注重负阴抱阳的空间格局。西炉古村,依永安溪、畔仙梅山(玄武山)、临水(三眼漊)、面官帽山(朱雀山),是典型的风水生态型传统村落,其景观生态系统完整,是入选仙居的首批生态村。

民风有江南汉族儒商遗风,重视农贸交易、外出经商和教育。杨梅文化作为其特有的传统文化,生产以杨梅产业主导,村落被杨梅、枇杷林和水稻田包围,传统农业和现代农业结合的产业体系依旧兴旺。村民的生活在以整个聚落为核心的景观生态系统内表现为一种活态的原真和质朴,无意地表达着他们在这块自祖辈起经营了一千多年的土地上的存在与留守。

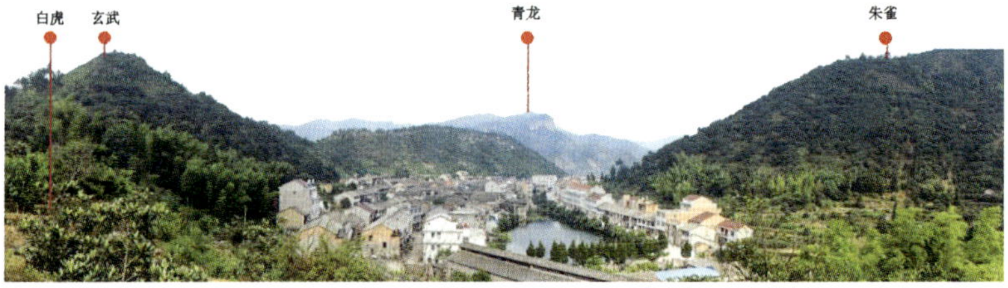

图 32

仙居步路乡西炉杨梅村现状建筑色彩与风水格局

076

从地缘文化上看,西炉古村处于以皖南为核心的"徽文化"与以苏南、浙北为核心的"吴越文化"相交融的地带,形成"泛徽 + 吴越文化"区。在水运繁华的时代,借着永安溪水运之便,也带来文化上的碰撞。徽派建筑、东阳木雕之风,经过数个世纪的融和与积淀,成就了当地"三透九门堂"[74]连进式的合院建筑群落这一独特的乡土建筑风格。

西炉古村坐落于群山环拥之中,建筑的色彩脉络基本可以分为三个层级:一是明清的古建筑,土瓦铺设的屋顶,夯土或青砖石块叠砌的墙面,以及剥落的粉墙,门窗以原木色为主,点缀"紫气东来""耕读传家"的古训彩画装饰,斑驳古朴;二是 20 世纪七八十年代建造的砖木混结构的 2~3 层的坡顶楼房,屋顶也是以土瓦铺设为主,墙面以青砖为主,有些是直接暴露的红砖,未加粉饰,局部饰以彩色瓷砖拼花,简单粗糙,因体量与古建筑比较接近,较不突兀;三是 20 世纪 90 年代至最近新建的住宅,这类住宅多为钢筋混凝土结构的 4~5 层的坡顶楼房,屋顶为紫红色的琉璃瓦,局部为蓝色彩钢板,外墙为灰色水泥抹灰与灰白色瓷砖贴面,门窗为高亮度的金属窗框与蓝绿色有色玻璃。这一时期的建筑显得僵硬突兀,与整体村落的风貌肌理甚不协调。

4.2 乡愁与"乡仇"

"面对西炉村多层次、多领域、多内涵的文化背景，明确以'三梅三绝'为基础的发展理念，分类应用，突出'盛景千年'的文化形象，最终打造和滋养'尚文崇德·娱业乐居'的文化基调、文化氛围、文化环境。

充分发挥西炉村区位、文化、产业、资源的优势，以'杨梅村之旅'乡村旅游品牌为依托，以宜居村居和村庄产业建设为载体，串点成线、连线扩面，促进美丽乡村建设的广覆盖，彰显乡村、集镇特色。"

——《西炉村总体规划文本》[75] 纲要

"透过日常生活我们无数次领略到一幕已经高度仪式化了的场景：一个早起的村民在清晨的薄曦中迎着日出，肩扛锄头走向土地的深处。当他挥动着手中的工具敲击田野时，旷达的空间中渐次有一种声音回荡起来。

此时我们能够领略到的是存在者与其存在根基的言谈开始了。在村民与大地的相互敲击中，乡村涌现出来。因此，乡村可以告诉我们的第一件事情是存在事物与其根基的相互依存；第二件事情是在不断重复的日常生活的质朴开展中，一直守护着确凿无疑的现实性——生活的形式由生活的基本事实所塑造；乡村启发我们联想的第三件事情是生存空间应当捍卫与大地清澈明晰的构造关系。"[76]

但当下的乡村，我们记忆中的场景已经不存在了。表象的凋敝，

75
来源于：《西炉村美丽乡村建设规划文本》，浙江大学城乡规划设计研究院. 许智钇，胡沂佳.

76
李凯生. 乡村空间的清正 [J]. 时代建筑，2007（4）：27.

其背后是传统农业生产关系的瓦解、青壮年农业人口流失，以及传统农耕文化与乡土技术失传等一系列现代转型期遭遇到的问题。正如"美丽乡村"的提出，虽然命题是从风貌入手，避免"空心村"，但当代性转型的核心是"美丽"并非是"美化"，主要目标是产业建设，关注背后人的因素的运作。在新的历史阶段，乡村振兴必须是发展中的振兴，是现代条件下从传统乡村向现代乡村的根本性转型发展，是城乡深度融合下乡村功能的全面发展和提升，否则就是一场以乡村为背景的形式游戏。

当我们的研究实打实地深入到现场时，会发现原来想象中的"农民"已不是"日出而作，日落而息；耕田而食，凿井而饮"的简单生活了，而是活生生地作为个体利益的存在，并因观念与具体矛盾互起纷争。

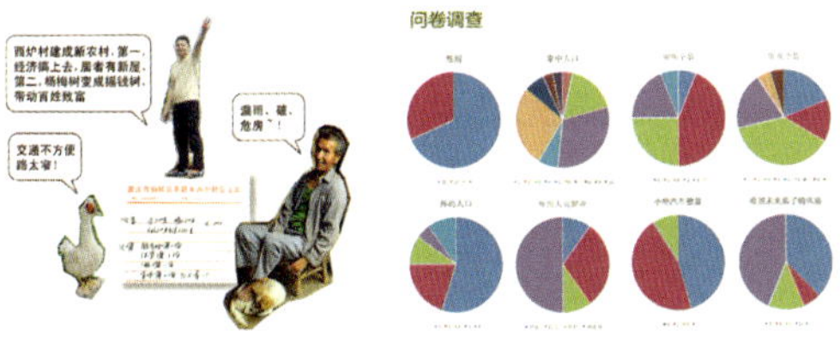

西炉古村，可视为当下大多数空心留守村的现状代表。该村文化根基尚存，但传统文脉与习俗已经断裂，并呈碎片化，新的价值体系尚未构建完整，乡村的经济与教育普遍处在较低的水平，并且遭遇着人口外流、老人与儿童留守、公共服务缺失等问题。但是，西炉古村相较于其他村庄的优势在于，有传统的杨梅产业作为支撑，村口是仙居最大规模的杨梅交易市场，周边道路等基础设施配套完善，距离县城仅半小时车程。因此，在上位规划中将西炉古村定位为"杨梅村之旅"乡村旅游品牌，并打造原住民宜居村居和村庄产业。

在设计前期，基本遭遇如下几大矛盾：

图 33

西炉古村的现状调研成果统计

一、旅游定位的传统乡村聚落风貌与现代日常生活之间的矛盾

乡愁，游客都是带着乡土地域文化的想象而来，是在一片青山绿水中孕育而生的原生态聚落。但他们眼中饱含乡愁意蕴的夯土房、残墙破院，在现实层面已不甚宜居，基本被村民作为圈养家畜、放置生产工具之用。而满足村民日常生活的村舍，都是基于现代功能的建造，硬朗的钢筋混凝土结构与高亮度的瓷砖外立面，体量突兀，与整个风貌不相协调。

调研初期，笔者做了一个调查问卷，了解村民对建筑风格的选择。意外的是，半数以上的村民都选择了新中式风格，并非笔者预判的豪华欧式。甚至一些村民提出对原来的高亮度的瓷砖立面进行改造，也从侧面反映了当地村民的审美意识的提升。此外，当下农村的发展，也不能简单地以城市人的“乡愁”为依附，否则易沦为虚构的舞台式布景，而是要从本土乡村的生活、文化现实去寻找，基于真实生活的发生。

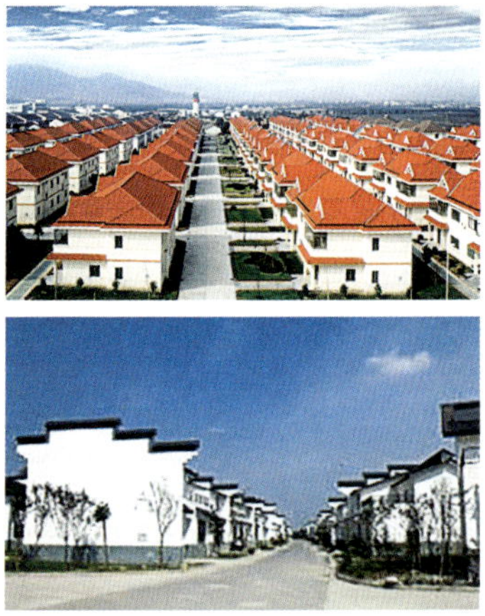

图 34

以宁波滕头村等为例的新农村初期建设的图景，千篇一律的样式与色彩

二、化解因统一分配导致的布局单一性的矛盾

孔子曰：“丘也闻有国有家者，不患寡而患不均，不患贫而患不安。”21 世纪初的新农村建设，基本是在集体经济控制下的村庄美化行动。以宁波滕头村为例的新农村建设，如军营般行列式排列，每栋建筑原貌复制、统一单调，缺乏乡村村舍的情趣。在整齐划一的背后，也反映出当地村民的房子存在分配问题。

西炉古村共有 8 个生产小组，338 户，总人口为 1135 人，按规定人均每户宅基地面积为 $90m^2$。村民最关心的即是户型面积、朝

向位置、造价实施等涉及切身利益的非常具体的量化指标，并注重风水格局。比如，侧山墙的房梁不允许对着另外人家的正立面，否则需用马头墙来遮挡等。村里有许多外出经商的人，在他们看来，村里的房子即是他们的祖屋，是其运势的文化依托，祖屋风水格局的优劣，会影响其在外经营生意的成败。比如，谁家的一层入户抬得高，屋脊盖得高，即谁家的运势好。因这些非建筑的条件影响，基层的管理出于简单操控的原则，导致很多新农村的规划实施都是整齐划一的格局。

三、低价施工与呈现效果的矛盾

传统村镇的建造不像今日的新农村建设，而是少则几年，多则数十年的精心营建。古时东家不要求工匠"做快"，而是要求"做慢"。例如南方村镇的水磨青砖，东家要求每人每日只磨三块，有时一个工匠一辈子就为一个东家造屋，这样才会有结构之精巧，装饰之精美的传统建筑格调。

西炉村的村庄更新改造，一方面，造价的施工成本基本控制在800元/m² 左右；另一方面，涉及拆迁安置的时间，工期紧迫，只能在规划的设计中模拟传统村落的有机生长方式，以单体建筑的发生，有序引导群落整体的和谐风貌，并与传统古建筑遗存相协调。

上述诸多矛盾是在设计层面无法解答的，需要村民、政府等几方的协作推进，但这些矛盾如果处理不当，很容易导致"乡亲"变"乡仇"。

4.3 隐性的恒定结构

"存在的本真意义与此在本已存在的基本结构就向此在本身的存在之领悟宣告出来。此在的现象学就是诠释学。"

—— 海德格尔《存在与时间》

费孝通先生在《乡土中国》一书中提出："传统中国社会中的乡村,是充满了乡土性的。这种乡土性表现在几个方面:一为稳定性;二为自给性;三为地缘性与血缘性;四为乡村类自治性,或者说政府权力的有限性。在传统中国乡村地区,以长老统治为代表的教化权力始终是占据统治地位的乡村权力,并起到了维护地方秩序的作用。"

据考证,西炉古村是中国历史文化名人,唐朝著名文学家、诗人、书画家郑虔（别名郑广文）后裔的一个族群移居村落,现今郑氏居民仍占本村居民的98%,其族谱可追溯到汉安远侯吉公名门巨族。[77]西炉古村属于名人后裔集聚村,这类村庄都有一个显著的特征,即在营建村落的时候注重风水格局,讲究山、水、路肌理传统。西炉古村所处的地理环境是典型的"前朱雀,后玄武,左青龙,右白虎"格局,其村内主干道和后山组成"笔架山"+"品字宗祠水塘"格局。

村庄属于郑氏族群聚落,郑氏居民占本村居民的98%,是以血缘为基础的团块式结构,核心区块有一座建于清代晚期的郑氏祠堂,且郑氏祠堂前的十四级台阶恰好是其笔画的数量。

77
来源于:西炉古村郑氏宗谱。

传统中国社会伦理思想、宗法观念、等级制度在村镇建筑的布局和规格方面有明确的对位,形成以血缘为纽带,以祖先崇拜为支柱,在聚族而居的村镇形成讲究长幼、辈分与尊卑的立体空间的伦理思想观念。现在的西炉村,基本都是以郑姓为主的后人担任村书记的职务。直至今日,体现的仍是单一氏族控制下的村庄生长状况。

在西炉村的空间布局中,隐藏着一个与场所相关联的超稳定结构。笔者在深入调研中发现,自然环境所限定的边界是一个"弓"形,郑氏祠堂的轴线空间恰是位于其几何中心。其由上升的十四级台阶以及两个院落里包含的形成"品"字形的三口塘,形成仪式感强烈的多进式格局,但与中国典型的"庭院深深深几许""四水归堂"的内敛型的轴线空间,比如传统四合院不同的是,西炉古村的轴线都是由周边合院所限定的外部空间组成的,这一藏风纳气的核心空间已不是一座或是并列的几座建筑所集纳,而是整个村庄聚落的风水眼,如行云流水般汇聚于此。

这一发现,不仅展现了由单个姓氏的先人营造西炉村的智慧,以及血脉相依的状况,也为后面的有机更新夯实了基础。因为这一超稳定结构空间格局的发现和揭示,为西炉村下一步整体空间色彩的梳理和当代宜居生活的营造奠定了核心的结构性基础。

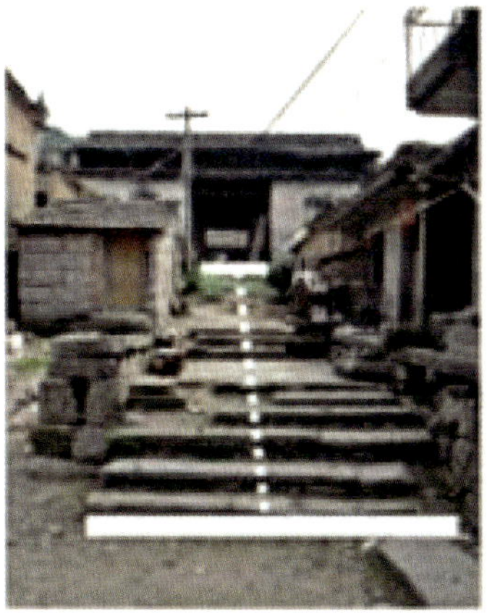

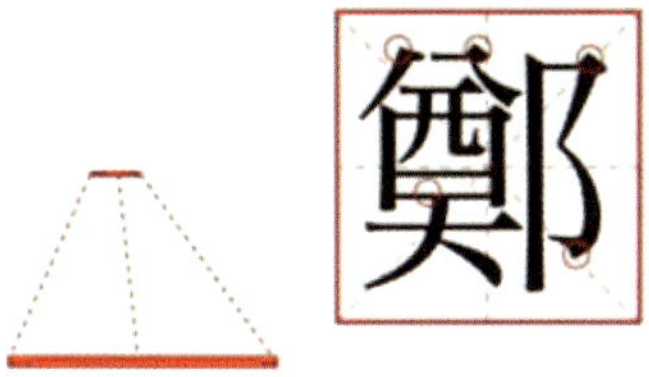

西炉古村,原先是建立在传统的宗族大家的礼制秩序之下的,村落的建筑秉承"儒礼"文化核心,祠堂、宗庙、戏台等公共建筑以及村舍根据自身的角色定位、布局和色彩呈现强烈的秩序感。但因文化的断层,乡村色彩的风貌已被破坏。另外,由于乡村建筑土地使用权归属个人,他们在一些老建筑上肆意扩建,使用临时廉价的建筑材料,导致整体色彩颇为凌乱。

· 十四级台阶　　· 笔画为十四

图 35

郑氏宗祠前的台阶暗含了其传统宗族的伦理秩序

户数

300
250
200
150
100
50
10
0

郑 王 吴 陈 张 周 应 胡 李 徐 马 方 俞 龚 项 林 许 杨 余 柴 郫 韦   姓氏

西炉古村以郑广文后裔为主的族群分布
分析图

西炉古村隐匿的超稳定结构分析

"弓"形向心性的恒定结构　　　　行云流水般汇聚的风水轴

西炉村从文化传承层面来说是个名人后裔集聚村,从村落原始布局层面来说是个典型风水布局村,从产业特点层面来说是个闻名省内外的杨梅特产村,从自然风光资源层面来说是个休闲旅游村,这决定了其场地关系的未来走向是"新乡村综合体"。

《老子》曰:"小国寡民。使有什伯之器而不用;使民重死而不远徙;虽有舟舆,无所乘之……至治之极。甘其食,美其服,安其居,乐其俗……"。其核心理念是营造一种自在礼义和谐的社会结构秩序。这种思想在西炉村的郑氏族群空间肌理形态中体现较多,尽管其原生态的生长机制步履维艰,但其"集家成乡村,集村成方圆"的集体生态性尚在延续。在实地调研过程中,我们还发现,西炉村村民相互之间自行遵守"老吾老以及人之老,幼吾幼以及人之幼"的大同之世。[78] 西炉村的老宅虽已破旧不堪,逢雨必漏,面临着修缮与有机更新的难题,但还有多代人在此一起生活,这是对祖辈根基的守护和归属。

乡土建筑之于我们,除了保持着在不断消失中的传统之外,也时刻提醒着我们源于场所和生活的建造才是建筑的本质。因此,与之对应的修复、保护和改造是基于对这种源于场所和生活的真实性的认识,体现建造文化的延续而非割裂。

西炉古村的社会形态培育了其空间组织形式、建筑类型和组合关系,村落中多样围合式院落具有典型的中国乡村"三生"基因,其郑氏族群脉络是西炉村文化场所性存在和生长的根基。因此,保留和修复其传统文化要素形态的聚落空间的存在感,并衍生、演化出适应现代杨梅文化为引导的生活空间是设计导向。[79]

78
许智钇,胡沂佳. 浙江省"美丽宜居"优秀村舍方案设计竞赛 [OL]. http://zjrb.zjol.com.cn/html/2014-12/29/content_2838589.html.

79
许智钇,胡沂佳. 浙江省"美丽宜居"优秀村舍方案设计竞赛 [OL]. http://zjrb.zjol.com.cn/html/2014-12/29/content_2838589.html.

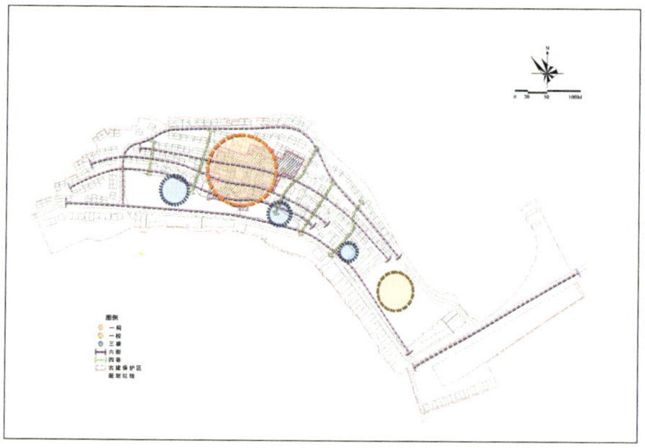

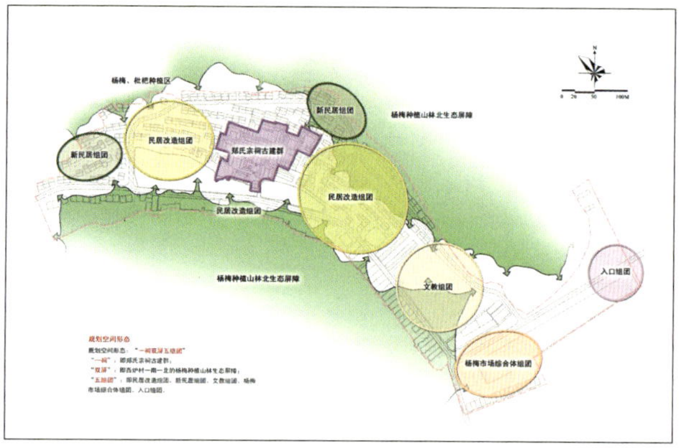
杨梅、枇杷种植区
新民居组团
民居改造组团
郑氏宗祠古建群
新民居组团
杨梅种植山林北生态屏障
民居改造组团
民居改造组团
杨梅种植山林北生态屏障
文教组团
入口组团
杨梅市场综合体组团
规划空间形态
规划空间形态："一祠双屏五组团"
"一祠"：即郑氏宗祠古建群；
"双屏"：即西炉村一南一北的杨梅种植山林生态屏障；
"五组团"：即民居改造组团、新民居组团、文教组团、杨梅市场综合体组团、入口组团。

图 38

西炉古村更新的路网体系与功能组团

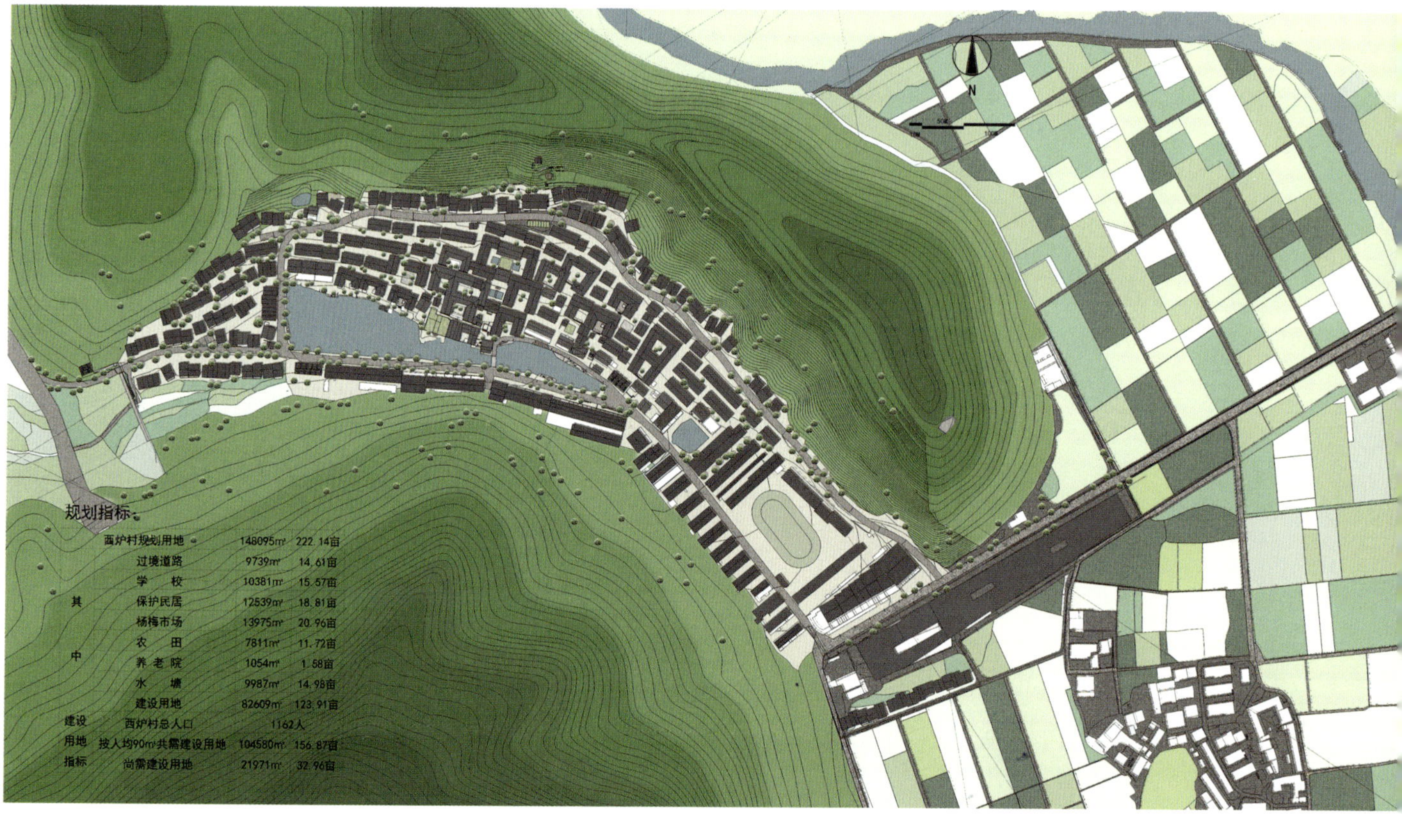
规划指标：
西炉村规划用地 148095m² 222.14亩
过境道路 9739m² 14.61亩
学 校 10381m² 15.57亩
其 保护民居 12539m² 18.81亩
杨梅市场 13975m² 20.96亩
农 田 7811m² 11.72亩
中 养老院 1054m² 1.58亩
水 塘 9987m² 14.98亩
建设用地 82609m² 123.91亩
建设 西炉村总人口 1162人
用地 按人均90m²共需建设用地 104580m² 156.87亩
指标 尚需建设用地 21971m² 32.96亩

图 39

西炉古村超稳定结构的再更新

西炉村内在隐匿的超稳定结构,在空间形态上,以祠堂为主的建筑群体空间较为严整,空间秩序感、整体性强。偏离轴线的建筑多依山就势,建筑分散灵活,与自然环境相融。在此理念下进行规划的有机更新,可概括为"一祠一校三塘五街七巷":即郑虔古祠、步路乡小学、三大村中水塘、五条横向街道及七条纵向巷子的格局。

4.4 限定的地域特征

"当我们从夯土的墙面采集碎片的色彩时,发现其整体的色彩关系归属于后山剖开的山体截面材质,一质一色,轮回论证。"

——《西炉现场纪实》

在《传统的价值》一书中,罗伯特·马格里(Robert Maguire)认为乡土不是一种既定的风格,而是存在于日常生活本身之中,因此,乡土是无法简单复制、挪用的,它是作为一种现实真实存在的示范,而不像为了制作标本般杀死对象。因此,乡土化的意义在于,首先,乡土化的聚落本身就是生命有机体的循环,是简单的要素不断融合、化解而生的复杂整体;其次,乡土的人性感知是以材料以及尺度的适度作为基准建构,在经年的时间里累计发生的。

传统乡土建筑,从材料本体的力学和构造合理性出发,逻辑清晰,其特征可以概括为"以木结构为主体,以木、土、石、砖、瓦为主要建筑材料,以榫卯为木构件的主要结合方法,以模数制为尺度设计和加工生产的手段,以师徒关系维系技术与工艺的传承。[80]"但在具体的施工方式方面各具特色。

江南地区房屋建造的流程为择址、定向——平土、打夯——放线、定平、盘磉——架料、上梁——砌墙——盖屋顶——撒瓦——砌山墙——小木作门窗、板壁——油漆彩画。[81]基本上是参照古典营造技艺里"土木石瓦扎、油漆彩画糊"八大作的分类方式进行,相较西方建筑是空间胜于材料的建造模式,中国是基于材料的建造。因此,笔者对于色彩的调研采集结果根据建筑不同部位的材料表情进行分类,大概可分为屋顶、墙体、铺地、点缀等色系。

80
李浈. 十年磨一剑,旨在艺有承——同济大学"历史建筑形制与工艺(中国)"课程的创设、发展与变革 [J]. 建筑史,2014(2):22.

81
丁俊清. 江南民居 [M]. 上海:上海交通大学出版社,2008:13.

屋顶色彩表情

西炉村现状的屋顶材料,大部分还是传统土烧的青瓦,经过常年的岁月浸润,慢慢显现出丰富的黑灰、深灰、浅灰的色彩层次。但是,因为传统青瓦是放置在木构架的体系上,时间久远,木头腐烂松弛,结构涣散使得青瓦的排布错位,容易造成屋顶渗水、漏水的情况。

图 40

西炉古村现状屋顶、墙面、铺地色彩
采集及构造生成关系

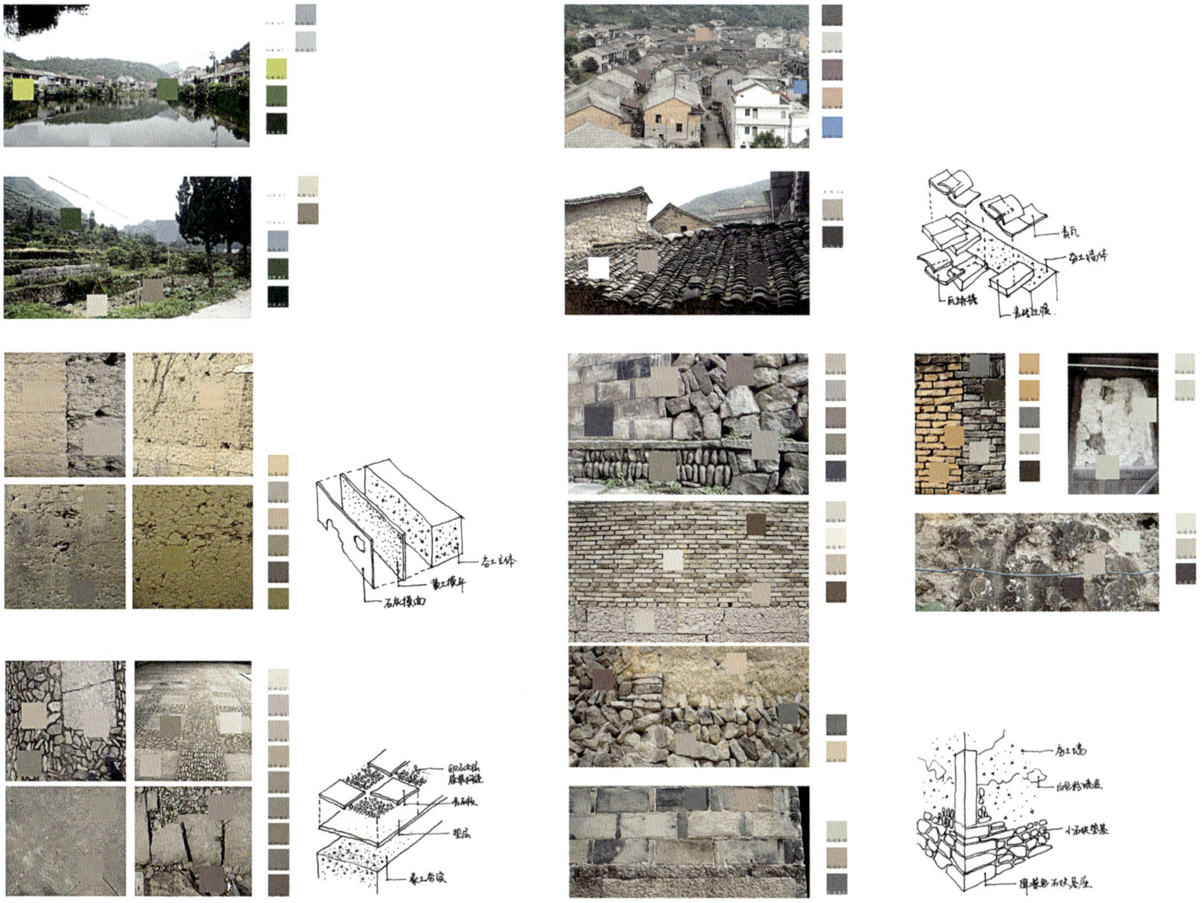

现状中的蓝色彩钢板的屋面,大多是在老屋屋顶出现破损时,用于临时覆盖,随意搭建的结果,其高艳度、廉价粗糙的材料表情,与场地风貌不相协调。另外,出于防水耐久性的考虑,新建的建筑基本摒弃使用传统小青瓦的材料,而是选用上釉的琉璃瓦,但是颜色多为偏紫红色系,高亮度的反光艳俗。还有一些新建建筑的屋顶上架设了不锈钢太阳能吸收板,其也是高反光、高艳度的色系。

在西炉古村的更新建设中,屋顶建议使用小青瓦,但前提是结构的基质要平整抗压。杜绝使用高彩度彩钢板屋顶,若使用琉璃瓦,要选择与小青瓦接近的色彩与肌理。太阳能吸收板的构造最好能与屋顶构造一体化设计,使其消隐在屋顶结构体系内,达到美观与实用的双重功效。

墙体色彩表情

西炉古村现状的墙体色系比较丰富,基本涵盖了乡土建筑的材料类型,夯土、青砖、毛石、卵石、石板、粉墙以及木墙等。夯土墙占了古村将近一半的墙体比例,其主要取自于周边山体的土壤,因土层埋深结构的不同呈现深浅不同的色差。据当地村民解释,种植过植物的土壤因腐殖质已被吸收,色彩会偏灰白;未种植过的则保留原有矿物质以及腐殖质含量,色彩会偏棕黄偏深。一般而言,按照地质结构,呈现的是上浅下深的层次衍变。因此,每栋房子的墙体会因为当时挖掘地点以及骨料成分配比的不同而存在差异。

青砖

现状古建筑的砖墙主要是以青砖为主。传统的砖因在土窑烧制时,黏土配比非标准化,温度的控制也有误差,因此,烧出的砖会有不同颜色的差异。另外,青砖因在出窑冷却还原时是缺氧处理的,抗

氧化性比红砖更好。因此,青砖在古代可以直接用于外墙砌筑,多为一顺一丁的砌法。西炉村当地还有特殊的鸳鸯墙构造,为防盗贼,外部主要用石块垒砌,内部为砖砌。但在现状的很多新建村舍中,或许因施工方便或造价所限,而直接使用红砖,导致其与原有的色彩肌理甚不协调。现状新盖的建筑,基本采用了高亮度的反光瓷砖,灰白、灰黄色调为多,但过于簇新,在未来的更新中要进行针对性的改造。

木材

木材的使用基本集中于保留的古建筑,由于时间久远,木材的色彩基本呈现的是岁月的斑驳感,大多数建筑都比较朴素,不施色彩,只是在原材料的表面涂上桐油以保护木料。木材的色彩已经不鲜亮,多为老化的木头本色,基本偏灰褐色,属于低明度、低艳度的范畴。

石块

建筑立面的墙体墙裙部分,基本是由石头直接砌筑而成,保持比较好的结构稳定性以及防水、防潮的功效。石头的类型多样,因濒临永安溪,有大块的卵石、青石板、花岗岩及毛石等,可以就地取材,色彩基本都偏灰紫色。基础墙裙用石头干砌,使得建筑有一种与场地地坪相容相生的环境关系。另外,在夯土墙外面,之前的工艺一般是用石灰刷白,随着时间的风化,留下斑驳的肌理。铺地材质与大部分石墙用材接近,基本都是用当地周边的石块与卵石铺砌而成,或是用砖石片与卵石混砌,属于蓝灰色与褐灰色系的范畴,短调,色相差别不大,与土壤的大地色系一致。

建筑装饰在封建社会有明确的等级差别,"明贵贱、辨等级"。如宋制:"非宫室寺观,毋得彩画栋宅及朱黔漆梁柱窗牖、雕镂柱础""凡庶民家,不得施重栱、藻井及五色文采为饰"。现状西炉古村仅在以郑氏宗祠为代表的传统公共建筑上雕绘装饰,装饰的题材一般选用"渔樵耕读""八仙过海""桃园结义""竹林七贤""木兰从军"等历史故事与民间传说,或"紫气东来"等祈求吉祥如意,富有浓厚伦理道德色彩的主题。在 20 世纪七八十年代的旧村舍中,也有由瓷砖拼成的立面装饰画,如"万马奔腾",这也是时代特色符号的表征。

现状色彩图谱里的色彩,主要是摒弃了与西炉古村不相适宜的屋顶彩钢板与紫红色琉璃瓦的色彩,以及新建建筑外立面高亮度的色彩,其他建筑色彩因材料皆为砖、石、土、瓦、木等,基本都是原材料的原色,色彩的差异是因采集时,材料成分与加工方式的微差导致。另外是所在的江南地区,多雨潮湿,浓艳的色彩褪色比较快,因此,形成了低饱和度的雅致的中间色调关系,慢慢地这些色彩就沉淀成文化基因的一部分,形成具有地域性的使用习惯和材料的传承做法。

西炉古村属于江南山丘缓溪类型的自然空间地貌,天色多数呈灰蓝色,水色呈绿灰色,土壤的颜色以灰褐色为主,环拥的群山主要是种植的杨梅树,非落叶乔木。因此,四季常青,整体的环境基质色彩会随着季节的变化呈现差异,如春天油菜花开时,会有大片的亮黄色。

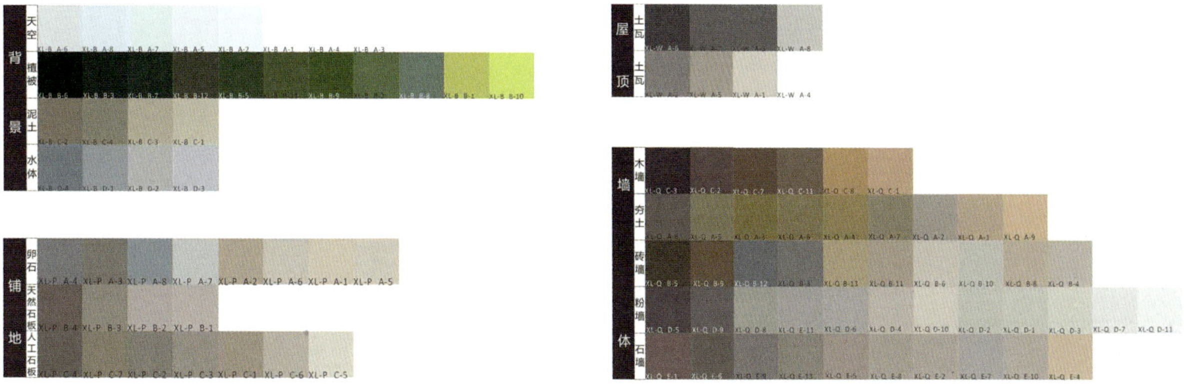

图 41

西炉古村现状的色彩基本组合构成图谱

西炉古村的建筑根据其年代及建造方式的不同,可以划分为 3 个类型:历史建筑(明末清初)、旧村舍(20 世纪 70~80 年代)以及新村舍(近 10 年)。

历史建筑(明末清初)

西炉古村现有历史保留价值的为以建于清朝的郑氏宗祠(含品字形水池)为核心的"三透九门堂"式的古建筑群。该建筑群呈围合式庭院组团扩散,与周围山水融合,古朴的街道与尺度关系尚保留完整。因此,对历史建筑群秉持的是"修旧如故"的态度,即对原有结构进行保护性修缮,对原有破损的结构进行更替,色彩以原有的构成关系为基准,采用传统的施工工艺,以保留古建筑的真实性,延续其时间渗透、沧桑的氛围基调。

旧村舍(20 世纪 70~80 年代)

20 世纪七八十年代建造的砖木土混合结构的旧民舍,比例占场地用地面积 50% 左右。这类建筑多因当时经济条件有限,结构工艺粗糙,普遍建筑质量不高,外立面大都是红砖的直接暴露,不具有保护价值。而且村民们拆迁的意愿也比较强烈,属于拆除新建的范畴,是西炉古村有机更新中村舍宜居安置设计的主要部分。

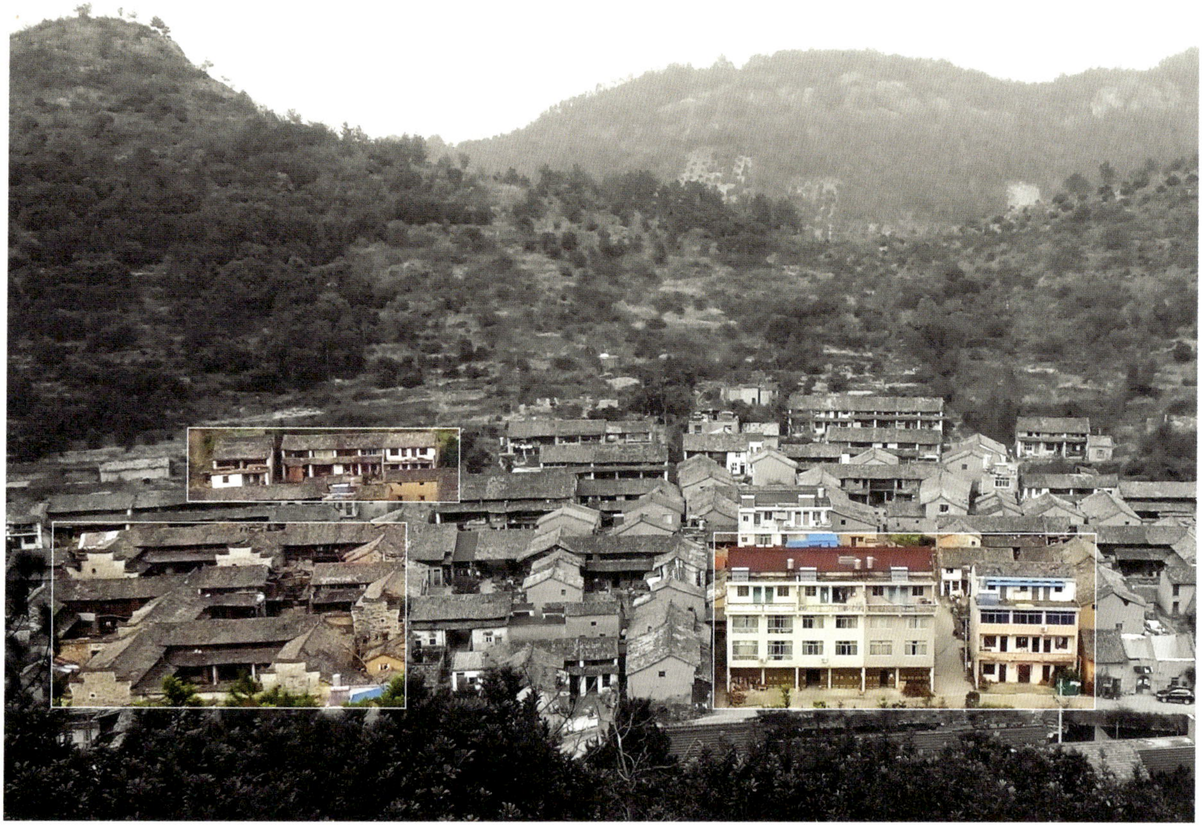

图 42

西炉古村现状环境基质建筑类型

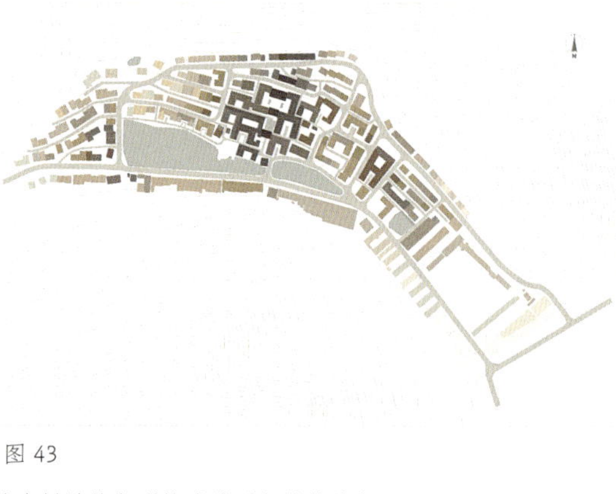

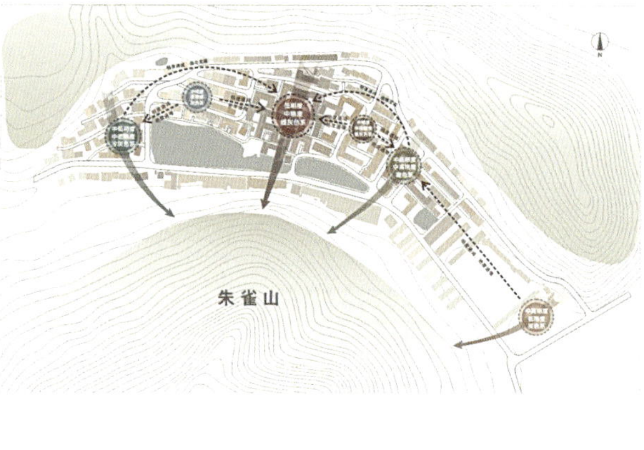

朱雀山

图 43

西炉古村总体色彩构成关系与结构秩序

新村舍基本是 20 世纪 90 年代至最近新建的住宅。这类建筑多为钢筋混凝土结构，剪力墙填充，四层半的层高，外墙灰色水泥抹灰与灰白色瓷砖贴面，建筑比较硬朗、强势，金色的防盗门、不锈钢的太阳能支架以及空调外机，表现了当下生活的富足与舒适，从规划风貌上来看与环境不相容。据调查，三层以上基本是空置的，户主也有意愿将其进行改造，适合当下乡村旅游发展的导向。

根据色彩学的原理及现场施工的具体要求，笔者在现状图谱的基础上，调配出屋顶偏暖的栗灰、中灰与浅灰三种层次，以及外立面根据用材配比的不同，给出约 12 种基于材料构造的色彩组合，呈现理想的配色图谱。

整体的色彩控制在理想配色图谱的基础上，根据西炉古村有机更新后的场地结构关系，"一祠一校三塘五街七巷"的格局，以郑氏宗祠为中心轴线，周边组团为核心区块，由深往浅顺延山势，往左右两侧扩展，结合场地里保留的合院作为整个村落风水眼的核心，行云流水般涟漪状推演。

屋顶的色彩主要是以深灰色彩的大关系控制，未有太多色相的差异。色彩的整体布局是基于现状的建筑材料质色本身，以及新材料工艺实现的可能性来综合考虑的。核心区的郑氏宗祠以保护性修缮为主，基本是原有的色彩基调，以中明度、中低艳度的灰褐色系为主；往东主要是学校与杨梅市场，以中高明度的暖黄色系以及中明度的灰冷色系为主；往西皆是新建的新村舍，以中明度的暖黄、暖灰色系为主，整体形成主次秩序分明，冷暖有序的空间色彩结构。

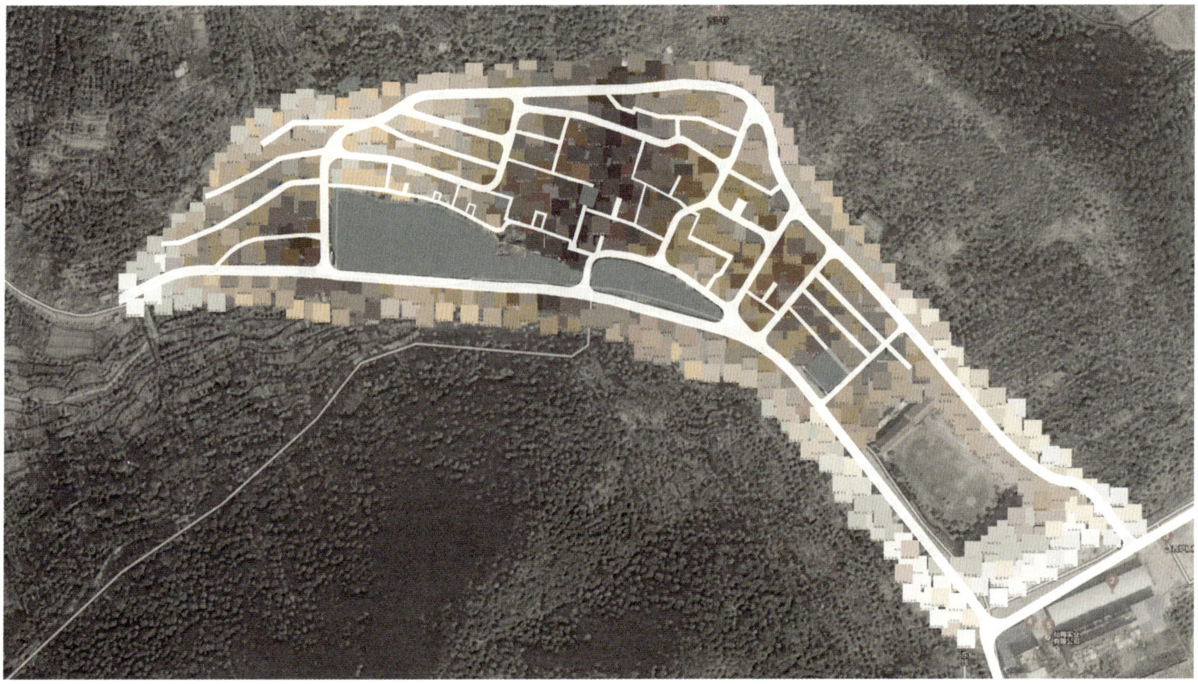

图 44

西炉古村墙面色彩总体愿景

4.5 色彩的乡土化建构

当我们以当下的视角,用色彩的方式去重现有机更新西炉古村的魅力时,是无法追溯到历史的绝对原点的,只能是在基于现状古村落风貌的基础上延续现代的生产生活方式,并为后续的发生提供基准点;我们也无法百分之百地恢复传统,而是在时间的进程中寻找到一种对话的方式。

传统乡土聚落因风俗、气候、地理等原因而变化出复杂的外在形态,是自然发展的结果,而非建筑师的"设计"。复杂适应是在基于相似而易于掌握的结构构法上变化出的多种多样的适合于个体的建筑形式。传统材料的建造,还需"借助于掌握传统技艺的工匠们的手艺来复活,这些工匠手上的能力和记忆是活着的传统。"

对于乡土化建构,台湾建筑师谢英俊提出"开放式建构"的概念,其核心是建筑师的着力点在于针对不变的部分进行设计,变的部分留给村民去丰富,但变的部分并非绝对性的开放,村民们可根据生活习惯自由配置内部空间、根据当地的实际情况灵活选择各式各样的填充材料[82]。文化的多样性源于文化的自主性,谢英俊认为让村民自主选择的过程就是地域文化展现的过程,在推动乡村自力营建的过程中,建筑师与村民互为主体的思想非常重要,是保证民居地域性、丰富性的方法。

前文所提及的智利建筑师阿拉维纳为低收入人群所设计的居民参与的经济型住宅,与埃及建筑师哈桑·法赛(Hassan Fathy)在《穷人的建筑》[83]一书中,也持有同样的观点。法赛提出了一个受委托

82

聂晨. 复杂适应与互为主体——谢英俊家屋体系的重建经验 [J]. 时代建筑, 2009 (1): 80.

83

Hassan Fathy. Architecture for the poor[M]. Chicago: University of Chicago Press, 1973: 57.

方、建筑师、施工工匠"三位一体"的架构模型,他认为在乡村,村民们参与村舍的营造,而非简单分配的安排,对于尊重场所、尊重在地性的手艺以及村民们对于自身文化的信仰,起到重要的推进作用,"农民就会开始骄傲地看待他们自己曾经鄙视的创造。"

色彩的乡土化建构对于西炉古村的更新改造,可见不是纯粹设计师单凭图纸的理想愿景呈现所能达到的,而是在多方的积极参与配合下才能完成的一项系统工程,其中包含的角色包括设计师、村民主体、村基层管理组织者等。原住于西炉古村的村民并非贫困,只是在审美层面缺乏判断力,容易受时下流行影响,忽视本身具有的价值,从而需要适时引导。

因此,在西炉古村的色彩规划实施中,村民在基础的色彩控制下,可以针对自身的习惯与生产生活方式提出要求,设计师在尊重其意见的基础上进行合理引导。两者必须在地性地解决问题,同时村民要亲自参与建造,采用当地的材料与构造做法,实现传统与现代工艺的结合,酝酿出真实的乡土气息。

在西炉古村的更新改造中,除去核心区郑氏宗祠的历史建筑保护区块,其他大部分区域均要推倒重建,因而涉及村民的具体安置问题。实际建设已不是类似传统聚落日积月累的有机生长过程,而且在拆迁过程中,出于公平考虑,按照大户、中户、小户的格局,对每家每户的指标进行了严格限定,按照宅基地的面积 $144m^2$、$125m^2$、$90m^2$ 的标准指定户型面积,并在场地里合理置入。

84

Gaston Bachelard. The poetics of
Space[M]. trans, Maria Jolas.Boston
Beacon Press, 2000：7.

"家天下" 的理念

加斯东·巴什拉认为："从现象学角度理解,家的概念是具体栖息空间的锚固点,体现着根本的价值归属,真正能达到诗意栖息在于能否诠释家的概念本质。[84]"

传统中国,家国同构。家,是中国人最根本的文化归属,是人栖居的安全感的落足点。古代儒学以"家"文化将中国的政治、宗教、礼俗与日常生活融为一体,使得中国的文化呈现巨大的包容性,以及持久的稳定性。

以西炉古村为代表的传统乡村,以农耕为基础,家也是维系其根本的要素。结合西炉古村历史基底结构和杨梅主导产业的实情,笔者针对真实环境和邻里关系进行设计。现状的建筑,除去郑式宗祠的古建筑群,其余的基本是 4m 的开间尺度,窄面宽、长进深,这与村民本身延续的生产生活习惯相关。基于西炉村的实际情况,设计团队梳理出以三口之家、兄弟合家、四世同堂为主的三类"家"天下系列户型。这些户型可拆解组合,节约有限土地资源,且重在营造无需过多外在干扰,能自我秩序化、生态化、多样化的"家领地",以维系他们仅存的本土文化。

三口之家——是社会家庭结构构成的最小单元,占地 90m² 的户型,也是场地里宅基地面积配比的基础模数,是新建建筑中的大多数类型,可实现群体性双拼、联排的组合。

兄弟合院——占地 125m² 的户型为面向兄弟群体的"兄弟合院",为双拼、联排组合;同时结合未来的杨梅产业发展,在临近池塘

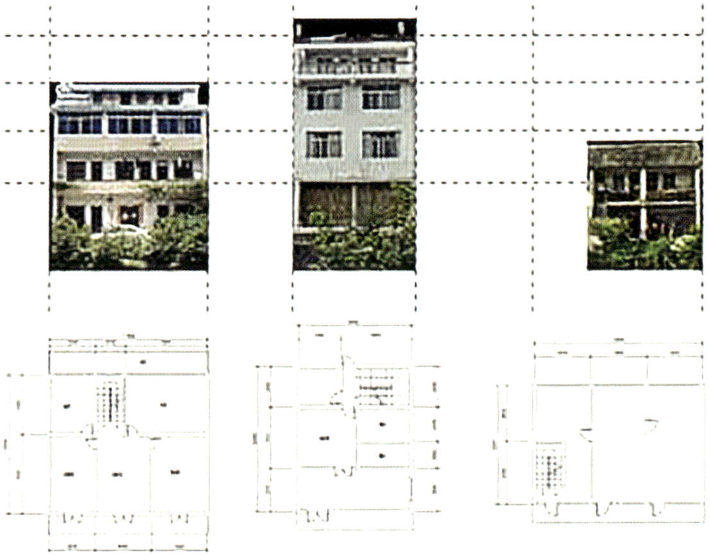

图 45

现状户型均以 4m 开间，窄面宽、长进深，以单栋、双拼、多联排方式布置

图 46

西炉古村有机更新的户型类型、材质选择与色彩表情

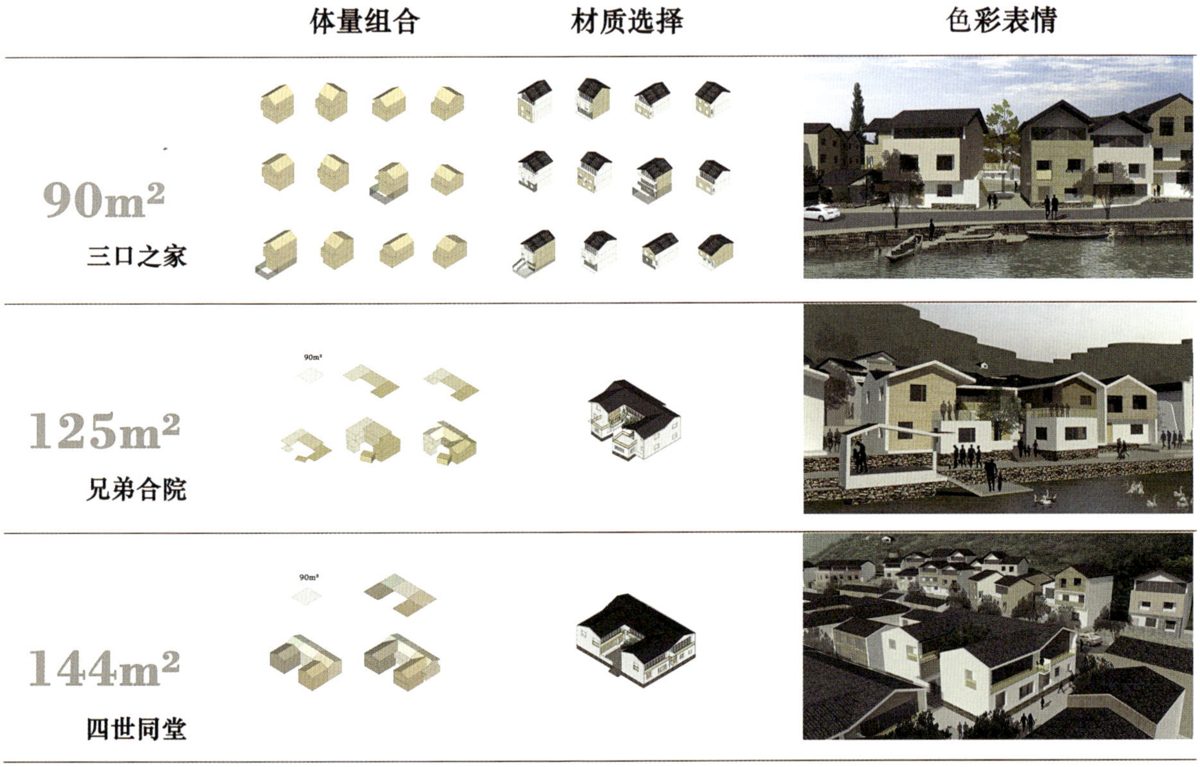

	体量组合	材质选择	色彩表情
90m² 三口之家			
125m² 兄弟合院			
144m² 四世同堂			

的滨水界面,也设计了针对旅游民宿的景观户型。

四世同堂——四世同堂为中国传统家族结构关系的美好愿景,占地 $144m^2$ 的户型可自成院落,摒弃原合院空间的朝向限制,将主要功能用房开敞东向,既延续了原合院内敛式的空间原型,又解决了现代宜居问题。

新建建筑基本采取钢筋混凝土的框架结构,避免风貌的单调性,在有限施工预算与时间进度的框定中,外立面色彩的控制或许是个权宜之计。材料的选择主要包括两个方面,一个是对拆除的旧建筑材料的再利用,如拆除古建的石砌墙、古朴的青砖等,材质多样、质感和色彩丰富,可采用现代的构造方式,延续原有的色彩肌理表情;另一个是新材料的介入,保持与预设的主色调一致,好比夯土,因为内部结构体系更改,无法再采用原来的构造方式,可选用当下真实漆等质感材料再模拟,且在混凝土结构面层外加钢丝网夹层,外面用高黏度的夯土进行粉刷。

因限定的指标控制,在过往的新农村建设中,很容易出现整齐划一、刻板单调的布局与色彩风貌。笔者的规划出发点是以西炉古村的恒定结构为依托,以色彩的方式控制住不变的重要节点与空间体系,新建的村舍鼓励村民参与建造。

西炉古村的建筑产权主要分成两类,一个是归村集体所有,一个是归村民自身所有。在整体规划的框架里,原保留修缮的郑氏宗祠根据当下的功能需要进行空间置换,其产权基本归属在村集体手中。规划中的功能定位为乡村文化礼堂、村行政办公中心、杨梅民宿文化展示馆、杨梅研究院、美术写生基地、游客服务中心以及卫生服务中心等公共建筑。

101

在具体的现场色彩实施时,公共建筑的更新与改造,决定权基本掌握在当地的管理部门手中,因此在设计落地时,可作为相对固定的对象操作,成为恒定的色彩控制基点。新建与改造的村舍,大都归属于村民所有,在实施过程中,以村民的主动性参与为主,但开放式的建构并非绝对开放,否则,现状中与风貌不相协调的色彩要素又会卷土重来。因此,开放是相对性的开放,设计师给村民相对范围的材料选择以及色彩样本,他们可在其中选择并以现场的实物色对比为准,色卡为辅,以呈现恒定结构控制下的色彩组合的风貌多样性。

在目前诸多的"美丽乡村"建设中,大部分乡村建筑的色彩都是千篇一律的刷白亮化,显得单调、乏味,发现的都是表面问题,不仅掩盖了古老建筑材质的丰富性和故事性,也抹杀了地域特色和当地生机。可以说,乡建还处于摸索阶段,"乡愁"情怀,其中很多案例的实践也是"为赋新词强说愁"。

以西炉古村为例的村落更新与改造,深入挖掘地域多年形成的特质,从自然地理、布局规划、堪舆理念、建筑风格、建材特点、用色习惯以及业态格局、未来发展方向等层面入手,结合当下时代的发展特征,系统地梳理当下乡村建筑色彩营造的策略要素。笔者设计的过程类似考古式的挖掘,破案般的逻辑推理,搜集证据,采集样本,并将这种碎片式的信息再构成完整的图景。

但介入乡村建筑的设计本身的复杂度与突变性超乎城市建筑,主要在于与地方观念的磨合与引导。西炉古村的原住民本身并不贫困,而是迷失在现代流行文化中。因此,应从最直观的色彩切

入,让村民重新审视当地传统建造的价值。另外,传统的乡村体系是渐将隐没的经验体系,现代设计手法的介入,是将其转化为可用于指导实践的理论体系。

乡建的根本目的在于改善原住民的生活、生产条件,恢复产业活力,重塑文化自信,因此,必须回归到原住民的本体。正如梁漱溟先生所说,"原来中国社会是以乡村为基础和主体的,所有文化,多半是从乡村而来"。特别是历史文化村落,大多经历了数百年、上千年甚至更长时间的岁月沧桑,承载着厚重的历史文化积淀,是一种不可再生的文化遗产。

以色彩的方式介入乡村建设,首要意义在于建筑的本身构造与场地环境的紧密关联,以及在特定时空区域的在场性,用色彩将天光云色、草木植被、地域工艺、业态格局等要素在此集结,最核心的是保存了传统村落的稳定架构与家文化的当代延续的价值力量。其次,具体色彩的选择是基于翔实的调研分析,并且以当地地域性的材料为主要载体,原住民的积极参与,用村民熟悉的并改良的方式对村落本身进行改造,重拾其归属感、认同感与价值感,并获得建造家园的仪式感,以色彩的方式延续地域特点和文化特色。

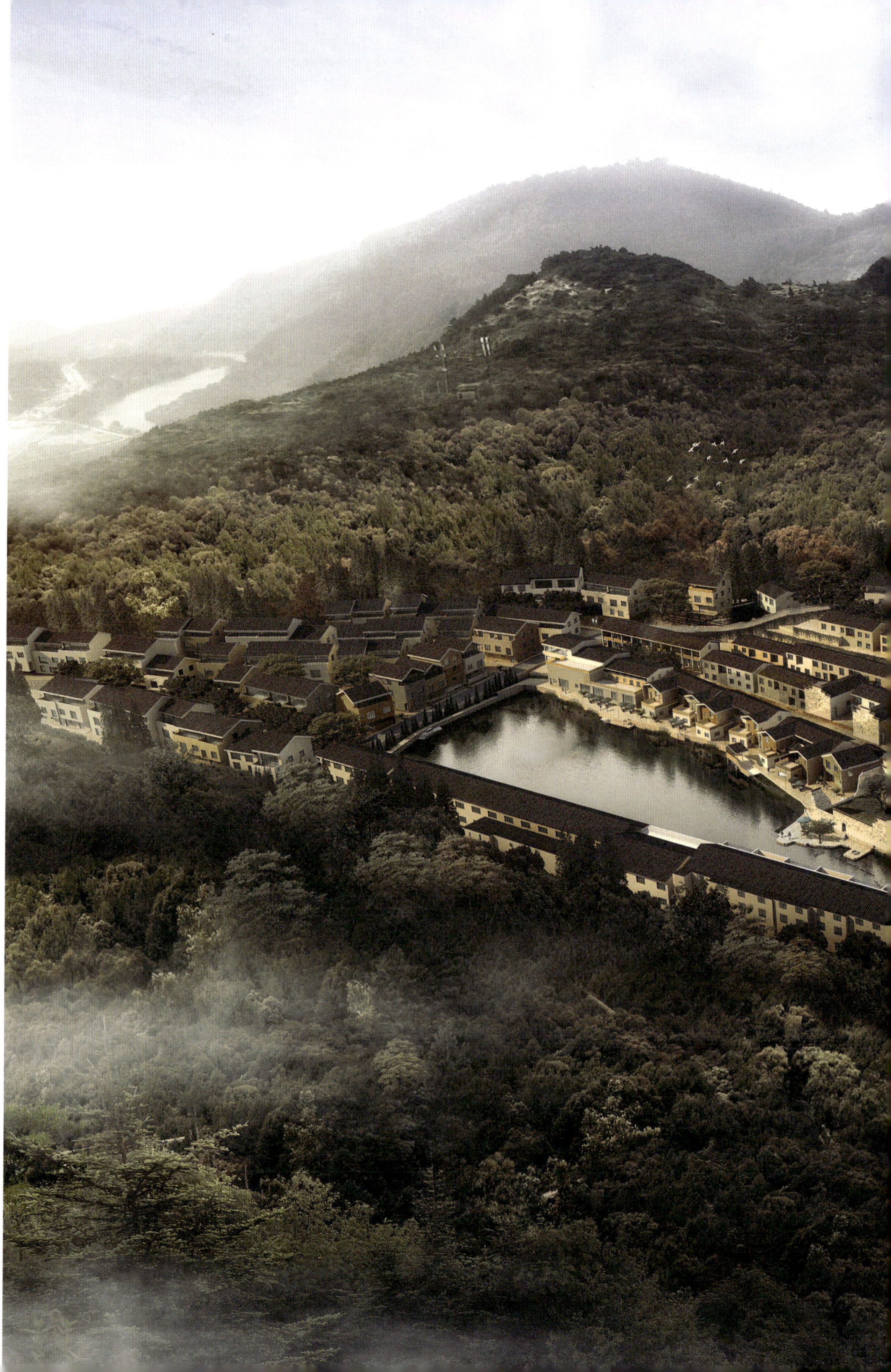

图 47
西炉古村
有机更新
后的整体
色彩愿景

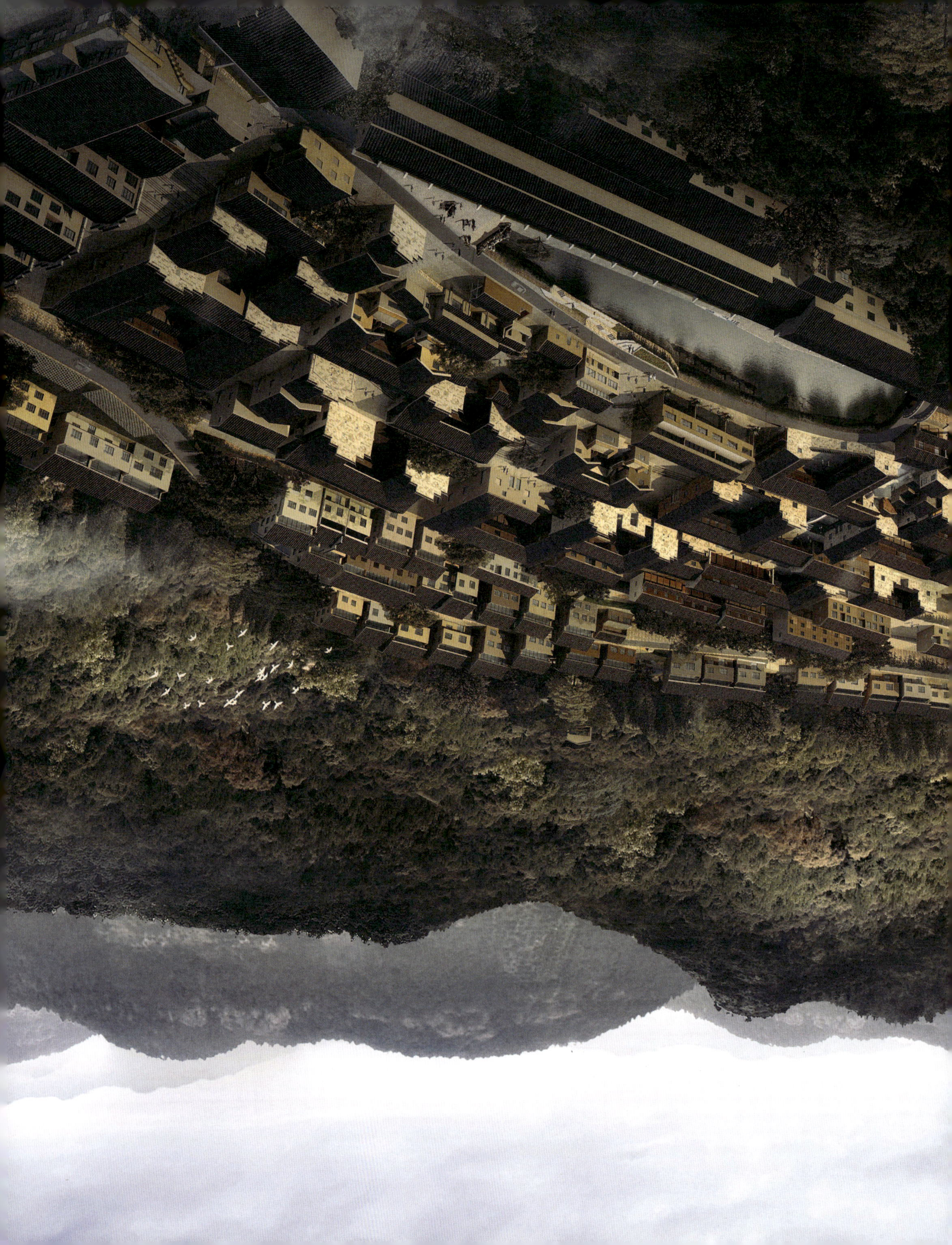

建房，俗称"竖屋""起屋"，在建房中，无论是动土、奠基、上梁、落成、乔迁，均有一定的仪式。从传统来看，人们把建房看作是人生与家庭的头等大事，而梁是房子最重要的部位，成语"栋梁之材""国之栋梁"充分说明栋梁在房屋中的重要位置。因此，上梁更为讲究。它有一套完整的仪式与顺序，上梁仪式被视为建房过程中最重要的仪式。

奠基。建房时的奠基动土，先要请风水先生挑日子，风水先生根据地基的朝向以及主人家的年龄和生辰八字，选定好良辰吉日。先在新屋基上摆上八仙桌，桌上摆放供品，接着按照动工时辰在地基中央插上竹签，上面写有"凤凰在此"的字样，由主人家手捧茶产谷米，在地基内按风水先生所指的吉利方向念道：太白闲神退过边，此地变成帝皇殿，盐米撒过东，万年奠基今日动；盐米撒过南，兴隆发地此起源；盐米撒过西，基业成就坐尚书；盐米撒过北，家业兴旺世代福；盐米撒中央，基业创盛万年长。随后把红包递给泥水老师，泥水老师拿锄动土，开始祭拜，边拜边动土，同时放鞭炮、鸣锣。接着泥水老师拉线定水平、定间数，每个栋柱磉盘底下都要放一个小罐，罐内放上五铢铜钿，以示威严、安详、富贵、万代兴隆。

讨照。在屋柱穿榀，上梁即上栋桁前，必须进行一次讨照，主要目的是在建造每间楼房时，检查主人家的木料是否备足。另外，保证每根木料长短、每一根的榫头与柱孔的大小、深度等能否相吻合。在屋柱与穿栅连接时，使屋柱与穿栅的榫头无空隙，这样才能使房屋造得牢固美观，又确保上梁、穿栅时既快又准，不误时辰。

讨照分纸照、竹片照两种。纸照就是用两只三脚马把屋柱放平,写上字,用线牵,用角尺量,从柱顶的柱孔,由上至下,正面、背面逐一量好,并逐一记在纸上。柱孔下面上方叫正上、下面叫正下,背面(即有字的反面)上方叫背上,下方叫背下。屋柱上面有桁,上栅,穿栅,小梁,大梁,云抽,如果抽的料小就用两根拼接,就分中抽、下抽,比如穿栅对照下上 2 寸,下同背上 3 寸,背下 2 寸半。竹片照,屋柱上面有多少孔就要有几块竹片,一个孔就有一块竹片,每块竹片头顶有字,写明该片竹片是哪根柱上哪一个孔的名称及量出来孔的正、背面上、下方的尺寸,不能有半点差错。然后,用两块宽 3 寸、长 4 尺的照板放在屋柱两头,左右两边各拉一根弦线,再用角尺靠弦线去量屋柱孔上下的距离,再去划出穿栅榫头上下尺寸,锯花口,做出榫头,确保屋柱与穿栅连接无空隙。

上梁。上梁前要请风水先生拣好日子时辰,定好日子后,主人家做好上梁前的各项准备工作,如购买请客用的食物、菜肴、果品,到亲戚好友家邀请他们吃竖屋酒,以及备好烟花爆竹、馒头、香烟、糖果、红纸包、盐米等上梁现场用的必需物品。新屋堂前贴对联,而亲朋好友前来送对联和彩礼表示祝贺。

上梁时辰前,要在新造房子的堂前放两张八仙桌,一张八仙桌用来祭拜菩萨,桌上放一对大红蜡烛,点插三支香以及黄酒、猪头(或猪肉)等供品;另一张八仙桌用来供鲁班师,上面放上供品、红包和五食果子。上梁结束后,供品和红包送给木匠老师,果品抛散给现场的亲朋好友食用。

上梁时辰到,各位帮工各自拿着闹杆竹站在特定的位置,木匠老师腰系围裙、肩挂角尺,然后把斧头插在腰带间,此习俗据说能起避邪、镇妖、驱魔的作用。

　　吉时一到,开始竖屋。木匠老师用茶产谷米撒向四方,然后口中念念有词:

　　"东无忌,南无忌,西无忌、北无忌,主家、老师、亲戚、朋友都无忌,蹩脚肖,蹩脚肖。"接着,木匠师傅捧着放满糖果的铜盘,又念道:

　　"手拿铜盘圆又圆,主家子孙中状元。脚路楼梯步步高,前运还是后运好。脚路楼梯步步升,主家日赚黄金夜赚银。凤凰飞过采仙桃。主家子孙荣华富贵万万年。"

　　念完后,木匠老师拿起纸包作为花利放进口袋,其余果品撒向客人,又念道:

　　"鸡子糖果撒到东,主家屋里盘青龙。鸡子糖果撒过西,主家屋里养金鸡。鸡子糖果撒到南,主家子孙中状元。鸡子糖果撒到北,主家特地造新屋。"

　　接着,竖屋开始,帮工同时拉紧闹杆竹,其余众人捧紧屋柱脚,然后由木匠老师指挥,大家同步拉起穿成片的屋柱,再齐心协力抬到磉子上,接着木匠老师又念道:

　　"日出东方照万洋,主家福禄好住场。此屋朝向朝的好,座向座的妙,朝在凤凰之山,座在九龙之地。东边要造郭老房,南边要造状元府,西边要造西花厅,后面要造后花园,主家要造三透九门堂。"

　　念毕,木匠老师们给屋柱穿成屋架,称为穿博,完毕后又接着念道:

　　"主家手拿青丝伞,一走走到出水滩,观看此木出何处,此木出在狮子九龙山,上有凤凰安宿,下有九龙盘根,叶盖万国九州,

根行五湖四海。此木何人所栽？张太公所栽。此木何人标样？神仙标样。此木何人所砍？鲁班先师徒子徒孙所砍。大斧砍倒六个月，小斧砍倒万年春，大头倒在出水滩，小头倒在皇帝京銮殿。要问此木有多长，此木万丈长，小头裁了三十六根平天柱，量量还有长，还有一根紫金桁，千人抬不动，万人抬不来，要请上八洞大仙可抬，一抬抬到小师作坊来，一只木马三只脚，二只木马凑成双，徒子徒孙都到齐，单等鲁班师傅到作坊。桁背大斧劈过，劈了三年六个月，桁肚细刨刨过，刨了九百九十日，中央要弹三根龙段线，一头双凤点头朝阴阳。"

接着，木匠老师又给大梁缠红纸，边缠红纸边念道：

"喜洋洋，喜洋洋，手拿锁匙白洋洋，手拿锁匙开箱并开笼，开箱开笼取绫罗，取到绫罗匹万丈，一匹挂在京銮殿，一匹小师拿来缠栋桁，一缠主家荣华富贵，二缠主家福禄寿长，三缠主家子孙宰相，四缠主家荣华富贵万万年。"

之后，木匠师傅徒弟各自爬上栋柱，然后放下绳索接着念道：

"此索本是什么索？此索本是天上放落二条金丝索，昨日在京銮殿前吊狮子，今日小师拿来吊栋桁。"

上梁吉时到，木匠把栋梁两头包好红纸，系好绳索，要两个人各拉一头，拉时放鞭炮、敲锣。这个时候，开始祭鲁班师，木匠老师口中念鲁班经："鲁班师出在鲁国鲁州府，石板公园，独脚门楼，九曲墙弄，张天师、道士夫人、吕士夫人，亲身得到帮助某某州、某某县、某某乡、某某村、某某上梁"。接着由两个木匠老师把梁向上拉，边拉边念："脚踏楼梯步步高，后步更比前步高，凤凰飞来采仙桃"。接着一问一答："仙桃采来何处用？仙桃采来送富翁，造屋七柱落地万年牢，楼梯上去到楼桥，楼前一株好仙桃，东园桃花西园落，代代有福子孙出来采仙桃。楼上去到栋柱头，左手托梁得富贵，右手托梁得财宝。大梁出在哪山？出在凤凰山上，

根达五湖四海，叶遮九州太阳。何人所见？山将军打猎看见。何人所样（养）？天仙娘娘。何人所砍？老寿星所砍。何人所抬？三十六个大将军、七十二个小将军，拖的拖、抬的抬，抬到鲁班先师大作场。鲁班先师金向墨斗，银向尺，开起红罗丈杆量一量，根头量到苗头，一寸不长也不短；苗头量到根头，一寸不短也不长。二段取起何处用？二段取起西梁之柱。三段取起何处用？三段取起万千秋毕正大梁。长长短短何处用？长段短段做榔星。大大榔星多少长？大大榔星七寸五分长。小小榔星多少长？小小榔星三寸五分长。大大榔星何处用？大大榔星大楸楣。小小榔星何处用？小小榔星上大梁。零零碎碎何处用？零零碎碎造花厅，前面造起状元府，后面造起状元亭。"

接着栋梁上屋，一问众答：

"榔星敲过东，代代子孙做富翁。榔星敲过南，代代子孙中状元。榔星敲过西，代代子孙穿朝衣。榔星敲过北，代代子孙有官职。"

再抛梁，把果子（红鸡蛋、花生、糖粒、水果等）抛向人群，又高声念：

"果子抛过东，代代子孙做富翁。果子抛过南，代代子孙中状元。果子抛过西，代代子孙穿朝衣。果子抛过北，代代子孙有官职。四方抛了抛中堂，代代儿孙状元郎，丁财两旺、富贵双全、地盘永镇、风水长生、千年风水、万代兴隆、千子万孙、多子多孙。"

念毕，在栋梁上挂上红布、米筛、剪刀、尺、镜子。

上梁成功后，主人家举办酒筵，宴请木匠师傅，同时宴请前来庆贺的主人家亲朋好友。[85]

85
收集整理：一季淡竹．口述：郑焕森等。

110

図 48
用直镇的区位图

86

1996 年，江苏周庄、用直、同里与浙江乌镇、南浔、西塘等 6 个古镇被国家文物局列入"中国世界文化遗产预备清单"。2012 年 11 月，国家文物局公布更新后的"中国世界文化遗产预备名单"，江浙两省 10 个古镇列入"江南水乡古镇"申遗名单，其中江苏占 6 席（用直、周庄、同里、千灯、锦溪、沙溪），浙江占 4 席（乌镇、南浔、西塘、新市）。近期，江苏省黎里、震泽和湖南省凤凰 3 个古镇又增补列入这一名单。至此，参加申遗的江南水乡古镇项目共 13 个。

87

阮仪三 . 阮仪三与江南水乡古镇 [M].
上海：上海人民美术出版社，2010：10.

五、案例二——用直新镇

5.1 神州水乡第一镇

"江南六大古镇"——周庄、同里、用直、西塘、乌镇、南浔，是我国江南水乡风貌最具代表性特征的地区，有着相似的自然地理、人文政治与经济环境，并有着广泛的物质和文化的互动，体现出共同的"粉墙黛瓦、小桥流水人家"风格。2015 年，13 个水乡古镇准备联合申遗[86]，"江南水乡古镇是在相同的自然环境条件和同一的文化背景下，通过密切的经济活动所形成的一种介于乡村与城市之间的人类聚居地和经济网络空间"[87]，形成了独特的地域文化现象，具有农耕时代典型的建筑聚落布局与相应的风俗文化传统。

与其他水乡相较，用直，因其"用"字特殊的汉字造型为人所印象深刻，曾被我国著名社会学家、人类学家费孝通先生誉为"神州水乡第一镇"，也是叶圣陶先生的小说《多收了三五斗》的故事原型地。

在空间地理上，用直的地理位置优越，北襟吴淞江，南临澄湖，东与昆山市接壤，西通苏州，有"五湖之厅""六泽之冲"的说法。与其他军镇或其他商业活动发展成的市镇不同，据《甫里志》载：用直原名为甫里，因唐代诗人陆龟蒙（号甫里先生）隐居于此而得名。用直名字的由来有两说，一为用直古镇的水系呈三纵三横分布，再加上北部的吴淞江，水系构造与汉字的"用"字接近，故名为"用直"，与其自然地理结构直接相关联；二是传说古代祥兽

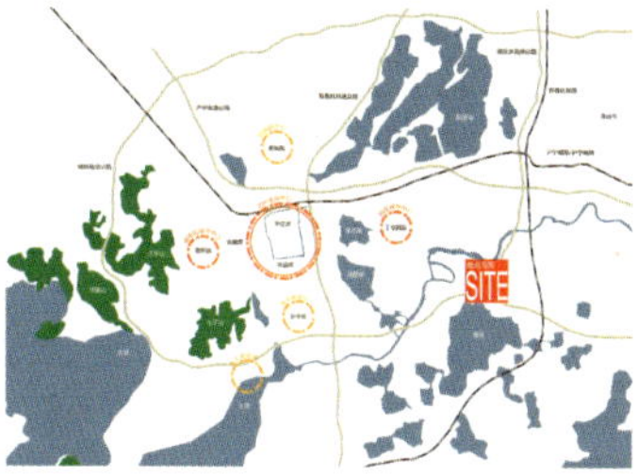

（清）佚名：《甫里志稿》，疆里陆龟
蒙，字鲁望，别号天随子、江湖散人、
甫里先生，唐代文学家、农学家，曾
任湖州、苏州刺史幕僚，后隐居甫里，
编有《甫里先生文集》等。

之一的"用端"巡游大地，路经用直，恋此地风景，故栖居于此而得名[88]。

不管这传说真实与否，至少可以知道用直自古以来皆是鱼米之乡的江南富庶之地，以及距离苏州只有 25km 路程的区位天然优势。现状用直镇建设用地面积 22.4km^2，人口 10.5 万人，其中本地户籍人口 1.3 万人，外来常住人口 9.2 万人。

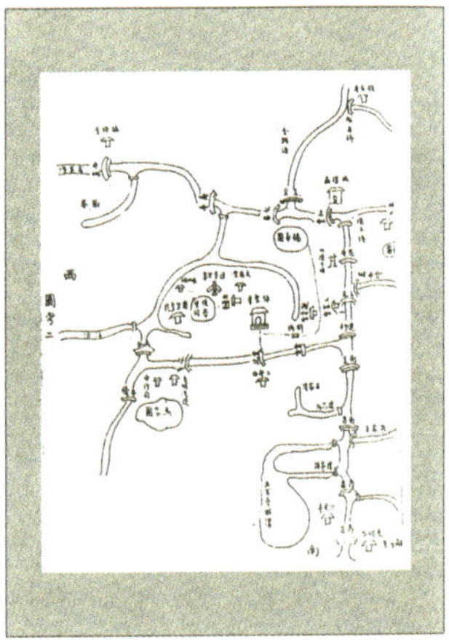

在用直古镇的西侧，规划为用直经济开发区，现状场地区内用地分布混杂，使用率低，零星分布着大量工业厂房与污染的耕地，"厂包村"现象严重。但在此即遭遇了现代性转向问题，传统温润的水乡古镇与国际化、品牌化的入驻企业以及产业格局风貌的衔接问题。另外，新镇区基本都是以外来务工人员为主，已经不是传统内向型的水乡市镇，而是一个移民新市镇，文化基因里首先夹杂着来自五湖四海的多元文化，与入驻企业的品牌文化和用直当地的江南文化的融合同化问题，不过确定的是，江南文化仍作为结构主体性的存在。

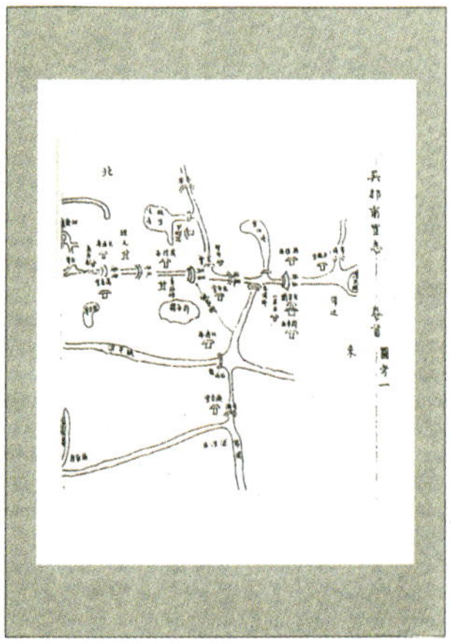

在大江南文化同构异质的背景下，各个水乡古镇会因具体所在的地理环境不同，以及社会经济功能的差异，在悠久的历史演变中，逐渐形成自身的风貌与内涵。

调研访谈中，一位当地文人说道："澄湖流域古建筑大同小异，异在精致度。用直古镇与周边古镇建筑的差异主要体现在细节上，而这才是独具匠心的地方，如屋脊头上的黑色纹饰装饰，黑色大部分是用当地人自家烟囱灰加水混合而成。用直因为河道比较窄，与其他水乡相比，建筑之间的间距相对紧密，巷道只有两三

《吴郡甫里志》书影

图 49
用直古镇的水网分布图

米,因此光照会显得相对暗些。"

江南文化本质上是一种以"审美—艺术"为精神内涵的诗性文化形态,"粉墙黛瓦"是其色彩外化的表征。色彩的研究,不是简单地再现传统的颜色构成,而是深度探究传统色彩的形成机制与用色理念。在当下如何有效转译与传承,并用一种审美的观照将其提升到一种雅的境界,使其雅俗共赏。

香山帮是江南水乡传统建筑工艺遗产的典型代表,因其位于苏州太湖之滨的香山而得名。自古就有"江南木工巧匠皆出于香山"的说法,蒯祥、姚承祖这些古代的著名工匠,著有《营造法原》一书,其影响力不仅在江南地区,而且对北方的官式建筑也有较大的辐射。

用直古镇建筑的做法也是对香山帮的建筑营造技艺的直接传承沿用,古镇建筑的墙面用色素朴淡雅,主要以中明度、低艳度的暖灰色为主调。材质多以自然材质为主,如木材、砖、涂料、石材等,门、窗、柱、栏主要由较低明度和纯度的红色和酱红色组成。

江南水乡民居多临河贴水,整体空间轮廓柔和富有美感,水巷驳岸高低起伏、景观错落有致、建筑造型轻巧。建筑色彩的特征在于其含糊性,在水乡演进过程中慢慢分化剥落,显示出内在结构肌理的丰富色彩,沉淀成岁月时间的魅力。

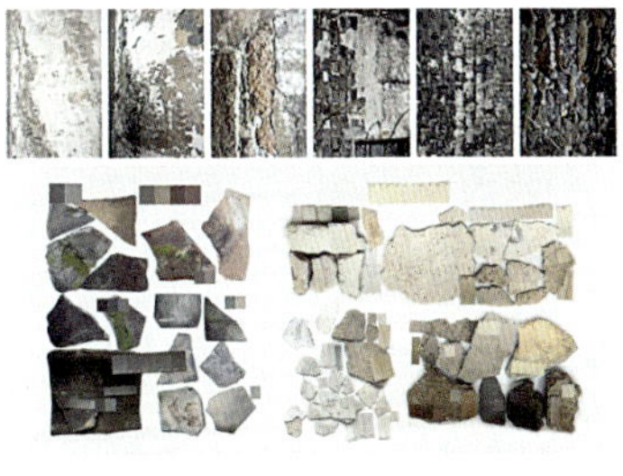

在水乡色彩调研时,笔者团队记录发现的只是色彩演变过程中的某一个片段,现今所见的江南水乡建筑的残垣断壁所呈现的多层级的色彩,是因为在岁月风霜的洗礼下,逐渐蜕变的结果。初始

图 50

用直古镇建筑墙面色彩丰富的肌理表情

是粉墙黛瓦的新建筑,但是慢慢地很多内在结构的色彩开始显露出来,呈现出风貌的丰富性。所以,当下的色彩研究是其色彩的发生机制,延续的是人们想象中的方式,以及保留下来的生活的痕迹。

5.2 拼贴

现状的用直色彩,处于一个尴尬的角色。主镇区古镇的色彩,因为有传统古建筑可依托,遵循"修旧如故"的原则,进行保护性的修缮与更新,包括对店招、店牌的规格控制,色彩风貌特征明晰。

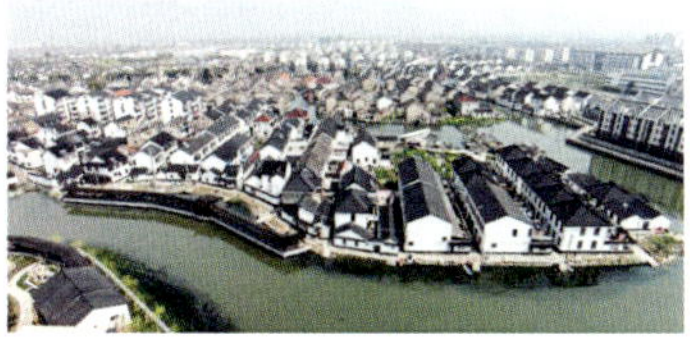

图 51

用直旧镇现状改造的简单黑白化处理的色彩

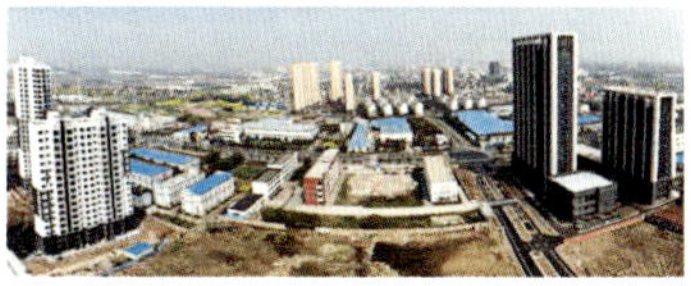

图 52

用直新镇区现状分裂割据的色彩格局

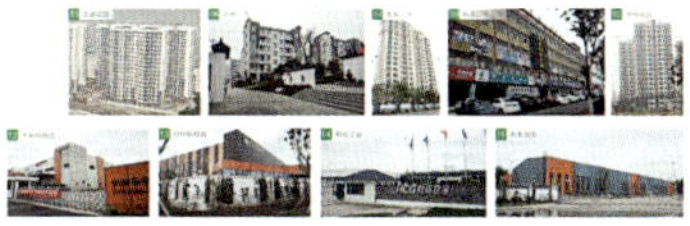

图 53

用直新镇区产业园区的厂房建筑色彩

与古镇临近的旧镇区,建筑体量基本都控制在 5 层以内,主要是由 20 世纪七八十年代建造的剪力墙结构的民房与多层住宅楼,以及近几年修建的仿美式的小别墅为主。但因旧镇区位于古镇的入口,是从外部进入古镇旅游区重要的视觉通道,基于这点考虑,各种不同类型的建筑,都被统一地刷成了简单的黑与白,显得单调、生硬。在此,用涂料粉饰外观的目的不是为了保护建筑物,或者是彰显建筑本身的价值,而是为了掩盖其缺陷,塑造一个类似具有立体感的舞台布景。但同时,繁盛的市井商业,各种高艳度、高彩度的店招、店牌鳞次栉比,甚是扎眼。

新镇区,原来为原生态的水网交错的水乡平原,距离古镇与旧镇约 3km,新建建筑已出于古镇风貌控制区的范围,不构成对古镇内视觉通道的影响。正因为这一若即若离的空间距离,在新镇区的风貌建设上存在两大意见的分歧:以规划局为代表的一方认为,用直作为江南六大古镇之一,新镇区的面貌还是要延续传统水乡的风格要素,与古镇区相协调;以用直镇的管理者为代表的一方认为,新镇区有新的产业类型,要体现新区的活力面貌,不应固守于传统的要素,要多给予一些自由度,并方便招商。两方面观点的博弈,促使了在现状空间的现实验证。

如上所述,现状空间也是上述两大观点博弈的结果,许多高层新建筑的出现,基本以楼盘的方式分裂格局,或是简单刷成黑白灰色调,或是直接复制附近苏州工业园区的仿欧式建筑样式,各自为政。超高的尺度与单调割裂的色彩,在场地里形成巨大的落差与虚空,就像列维·斯特劳斯在《野性的思维》中阐释的"新世界与旧世界城镇的对比,并非新城镇与旧城镇之间的对比,而是演化轮替圈子很短促的城镇与演化轮替圈子很长久、缓慢的城镇之间的对比。有些欧洲城市慢慢地沉落,变得迟钝麻木;新世界的城镇则在一种慢性疾病的长期煎熬之下狂热地生活,它们永远年轻,但从不健康。"

新镇区工业园区内的建筑,基本以厂房为主,大多是以白、灰色调作为基调,除去少量品牌旗舰店等,绝大多数企业为了在视觉上凸显自己的形象与辨识度,纷纷刷上了高亮的橙色,形成出挑的色彩对比。如果是小块的色彩点缀尚可,但是大面积的立面粉刷,视觉效果过于强烈。

江南古镇文化大同小异,也各有特色,甪直的特殊点在于其水乡服饰——"青莲衫子藕荷裳""……追溯到距今五六千年的稻作农业经济初期。妇女在农田里劳作时,经常受到水生动植物的侵害,于是将衣袖口和裤脚口制作得很小,只能勉强穿进去;在插秧、耘稻、收割的时候,妇女由于经常风吹日晒,手脚沾泥,肩部、肘部和袖口等部位最易破损,于是包头、裙、束腰、拼接衫等应运而生。"[89] 色彩材质的拼接是其特色,色彩以藏青色为主色调,以碎花为常见图案,高彩度的头饰点缀,以拼接为主要工艺,不矫揉造作,是因地制宜的生产、生活习俗方式在服饰中的体现,被称为"水乡的少数民族",并衍生成地域性的符号。

89
张竞琼,张宇霞,徐健飞.立足于"美用一体化"的甪直水乡妇女民俗服饰[J].纺织学报,2002:12.

建筑色彩控制指引

•依据《苏州市城市色彩规划研究》，甪直镇区城市色彩延续苏州市“浓墨淡彩、写意江南”的总体特征。

•建筑色系以江南青灰屋瓦、粉墙、天然木质本色、石材本色为基础，提取丰富的灰色系作为主导色系；以“甪直水乡服饰”中的水蓝、朱红的衍生色谱作为辅助色系与点缀色系，体现古朴素雅的江南水乡空间意向。

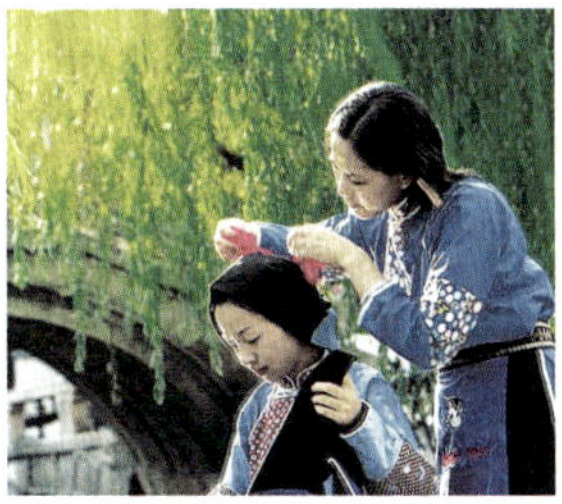

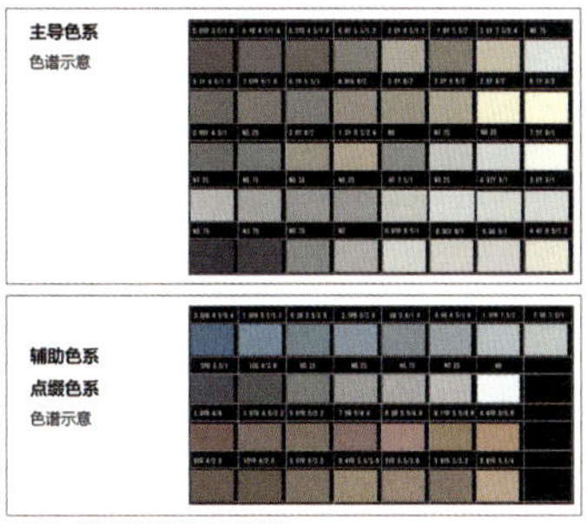

资料来源：部分色谱选取自《苏州市城市色彩规划研究》

图 54

《甪直镇城市设计导则》文本将服装的色彩用作建筑的色彩，这是不可取的

对甪直水乡服饰的拼贴，这是适应其田间劳作和日常生活的需要，也是基于功能的表达而产生的视觉形象造型。但在新镇建设的规划控制中，如果将甪直水乡服饰中的水蓝与朱红作为辅助色系与点缀色系，在整个新市镇的色彩营造中实为不妥，毕竟服饰的色彩是以人为载体的、它是流动的，而建筑是常态固定的。

在后现代的城市图景中，建筑呈现的也是拼贴的状况。“拼贴城市，希望寻求的就是一条介于它们之间的中间道路，需要同时面对传统与现代；拼贴甚至是一种策略，它在支持永恒和终极的乌托邦幻想的同时，又可以激发由变化运动、行为和历史构成的现实”。柯林・罗在《拼贴城市》中指出，“事实上，城市规划从来就不是在一张白纸上进行的，而是在历史的记忆和渐进的城市积淀中所产生的城市背景上进行的。所以，我们的城市是不同时代的、地方的、功能的、生物的东西叠加起来的。”如果建筑师和规划师是在已有的城市结构背景下做设计，那么他们都是在“拼贴”城市，如同电影中的蒙太奇。当然，“拼贴”是一种设计手法，它寻求的是把过去与未来统一在现实之中。

对于甪直新镇区而言，现状中传统水乡归属感的消失，展现的是一副巨大而虚空的面容，曾经文人墨客歌咏与审美的诗性精神在新镇区荡然无存，各路异乡人来此，已不易体会江南的诗意美好，呈现的更多的是后工业时代拼贴的社会景观。

5.3 现代性的转型

5.3.1 新镇区的愿景

"建筑,并不是材料和功能的产物,而是变革时代的变革精神的产物。正是这种时代精神,渗透于它的社会生活、它的宗教、它的学术和它的艺术之中。"

—— N.佩夫斯纳(现代建筑史学家)

对于甪直的新镇区,受到上海的辐射影响,是整个长三角经济带的重要发展节点。甪直新镇区的前身是自然野趣的田园村庄,村庄原有的场地关系在新一轮规划的冲击下已荡然无存,新的规划都是在现代城市规划理念的主导下,明确的功能分区,清晰的路网关系,以及规整的盒子建筑。

在甪直新市镇的规划蓝图上,传统地景的连续性已不再,原自然场所中建筑聚落被怀抱其中,呈现出的图案与背景的关系亦不存在,现已成为通过人为要素而形成的复合性的网络组织。

甪直新市镇的规划理念,基本是受西方现代规划思潮的影响,其理论基础源于1933年的《雅典宪章》,将城市按照居住、工作、游憩进行功能分区和平衡,用交通网进行有机串联,以效率优先作为先行。当时《雅典宪章》的提出,主要是针对工业革命后引发的城市高密度混居所带来的一系列矛盾,包括交通混乱、环境污染恶化等,所以当时的国际现代建筑协会(CIAM)在第四次会议上提出"功能城市"的概念,有效处理好交通、居住、工作与游憩的关系,并认为"建筑是在光照下的体量的巧妙组合和壮丽

表演"，柯布西耶当年为巴黎塞纳河新城所做的方案即是这一方向。但《雅典宪章》因绝对化的功能分区，导致了许多新城镇人性空间的丧失与文化的集体失落感，近当代建筑的主要问题已不再是纯体积的视觉表演而是创造人们能生活的空间，要强调的已不再是外壳而是内容，不管它有多美、多讲究都不再是孤立的建筑，而是城市组织结构的有机连续。后来国际现代建筑协会（CIAM）提出的《马丘比丘宪章》在功能分区的基础上增加融合，强调人性空间，因此，用直总体规划的原则为上述两大宪章的现实表征。

《用直镇总体规划（2011-2030）》的总体目标是中国历史文化名镇、水乡特色旅游城镇、苏州现代化重点镇。规划结构简单概括为"三区、三轴、三心"，三区为主镇区、新镇区以及产业区；三轴为东方大道生活轴、海藏路生活轴以及纬三路生活轴；三心为主镇区主中心、新镇区副中心、产业区服务中心。在此架构上的具体功能分区，划分为古镇保护区、主镇公共中心、主镇社区、创意研发区、生态公园、新镇公共中心、新镇社区、产业区服务中心、高新产业区、物流园区等十个功能分区。

在风格控制中，明确主镇区以中式传统风格与现代本土风格（新中式风格）为主；新镇区以现代本土风格与现代风格为主；产业区以现代风格为主。建筑不宜出现仿欧建筑风格。在定位的措辞上，一直围绕"历史文化、水乡特色、现代化"讨论，因此，新镇区的未来发展，不可能完全摆脱传统元素独立发展，而是在传统与现代之间寻求一个平衡的关系，寻找应对当下的色彩材质语言。在总体规划里虽然对不同功能区块建筑风格做了指引，但始终是片段式的典型意象，对于整体宏观的控制无实际指导意义。

新镇不同于旧镇、古镇,它承载着诸多集体记忆并以此为积淀。一般而言,新镇区的建设目标主要是营造具有时代特征的新区域和面向未来的形象特征,因此,新镇的色彩看似是一张可以肆意涂抹的白纸,可事实上却是不能容忍不断试错的实验场,它对土地功能、城市脉络与色彩意象需要更高的智慧的把控。

5.3.2 "舶来"的元素

在《用直镇总体规划(2011-2030)》中,虽然对空间结构、天际线轮廓、风格的意象控制有了明确的限定,但在整体宏观的视野上,建筑基本都是以素模为主,依靠光影变化展现冷暖与阴影的关系,未有建筑本体表情的色彩显现。

"粉墙黛瓦",对江南乡镇建筑发展来说是丰厚的历史依托,也是矛盾的人文包袱。新镇区的色彩定位要从形象本身的需求定位作为思考的原点,具有一般性的价值,是以象征性的转换为基础的,前提是一种预设的造型语言和样式。

新镇区和产业区由于不断涉及新的使用者和面临功能置换,新材料和技术所导致的建筑风貌,以及不同地方的居民对新事物的接受和理解,都将对以地域、传统色彩为基础的色彩规划产生冲击。按照传统和地方习俗所研究的主色调在城市总体层面,以及很多区域如商业区、办公区、居住区等都难以迎合城市现代化发展的需要。

"舶来"一词,可以当作是对用直新镇区当下境遇的概括,但"舶来"并非否定的含义。比如前文笔者所述的南浔张石铭旧居的法式玻

璃与地砖,已内化于南浔的文化基因;再如上海的外滩建筑群,殖民时期的印证如今已成为上海海派的文化符号之一;以及巴黎卢浮宫的玻璃金字塔,也成为该时尚之都当时的地域符号象征,因此"舶来"是在在地文化的基础上,对外来文化要素的兼收并蓄。

其一——"舶来的规划"

最先对场地展开调研规划的是国外某知名规划的中方机构。无论是从理念还是视野上基本都处于国际化的角度,包括对用直镇的定位。因此,本身"舶来"的理念与规划思维方式,非中式乡土化的思考;而是定位于未来,并与长三角宏观产业结构相回应。

其二——"舶来的建筑"

用直当地民居,基本是两层半带坡顶的小房子,粉墙黛瓦,前面附带一个院子,造型灵巧,与水网地形结合,服帖紧凑,形成有机的聚落空间。场地里功能置换后的现代建筑,有大跨度、大空间的厂房建筑,高耸的现代办公大楼以及大间距的住宅小区,其形成的天际线轮廓,完全超越了原有尺度,包括使用的巨大玻璃幕墙、金属和光洁处理的石材幕墙,这些现代科技感的新材料彰显着新时代的审美格调。

其三——"舶来的品牌"

用直的产业园区,主要是通过招商引资的方式,吸引一些知名企业生产基地的入驻。大概可分为四类:一是以轻工业为主,如Toto卫浴、施华蔻的生活用品生产基地等;二是以模具为主的基础加工基地,如博克产业园等;三是以汽车产业为主的4S旗舰店,如沃尔沃、别克等品牌;四是以环保产业为主的资源再利用中心,如用直再生资源集散加工中心。这些品牌,大多数都有彰

显自身文化特色的企业色与 LOGO 标识，并且在各地的建筑基本采用标准装配化实施，因此，与具体的场地空间环境的结合，需要斡旋控制。

根据当地部门的统计，用直现状接近 80%~90% 的人口皆为外来人口，主要由投资管理方与进城务工者两部分构成。用直的原住民基本都居住在古镇及旧镇区周围；诸多的外来务工者，主要来自于四川、湖南、湖北等省份，以及台商等，呈现的是一种流动的文化，作为"新用直人"的代表。

在这些舶来的要素中，用直新镇区并非特殊的类型，只是整个长三角现代经济圈中，新区现状发展的一个典型剖面。虽然在城市建筑史上有诸多新城发展的成功案例，好比巴黎的"新左岸"、迪拜的"新海岸"，这些是国际大都市，邀请了国际知名的建筑师倾力打造，耗费了高昂的经费来实现，采用新材料、新技术与新观念引领了新区的建设。但作为用直，未有如此丰厚的资源可依托，面临的是大部分新开发区所遭遇的问题，只能通过一种权宜的方式来展现一个镇的新中心的未来形象。

5.3.3 新的材质语言

"取之于材，用之于材"。建筑的色彩不可能凭空发生，必须依托于具体的建造材质，同时理想色彩效果的最终实现，也在于建造材料的过程把控。

以用直为例的水乡古镇，采用的皆是砖、石、木等自然材料，大都

是手工的建造,有固定的材料来源与加工工艺,它们的起源以及人们使用它们的历史,所有的事物都在时间中延续,建筑材料的磨损痕迹也丰富和加深了时间的经验和痕迹。

今日机械制造的材料是工业化生产的成果,虽然缺少手工感,但在材料强度以及施工方面提供了极大的便捷。同时,色彩的选择,尤其是涂料与人造板材,几乎涵盖了可提供色彩的全系列,选择面广泛,应用不受限制。

新旧材料对比　　　　　　　　　　　　　　　　　　表 1

	发展历程	材料来源	建造工艺	适用范围	代表材质
传统材料	原始社会天然建造	天然材料	手工艺	地域性使用	土、木、石、竹、泥、草、苇
	初始的人工材料	简单加工			陶、砖、瓦、石灰、金属
现代材料	近代材料发展	深度加工合成	工业化	全球化普及	涂料、钢筋、混凝土、玻璃、人造板材
	当代新型建筑材料	深度加工合成创作			陶板、塑料、聚碳酸酯板、高性能复合材料

以用直为代表的传统历史古镇的新市镇的建设,对于解决如何以色彩的方式再塑水乡温润、文气与精致的审美意境,同时不失当代的产业活力的问题,在饰面的代表材料方面,主要有如下的方式。

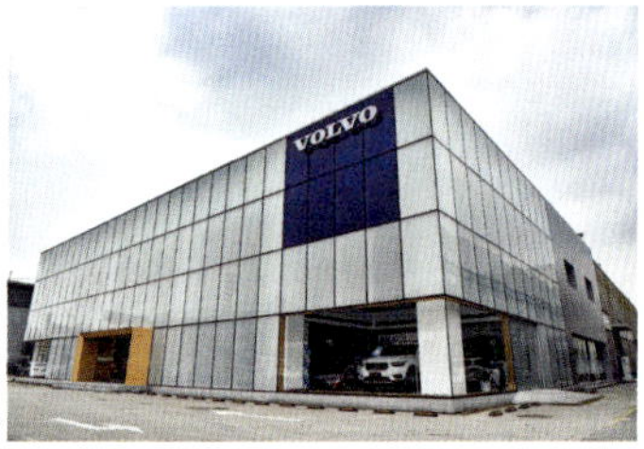

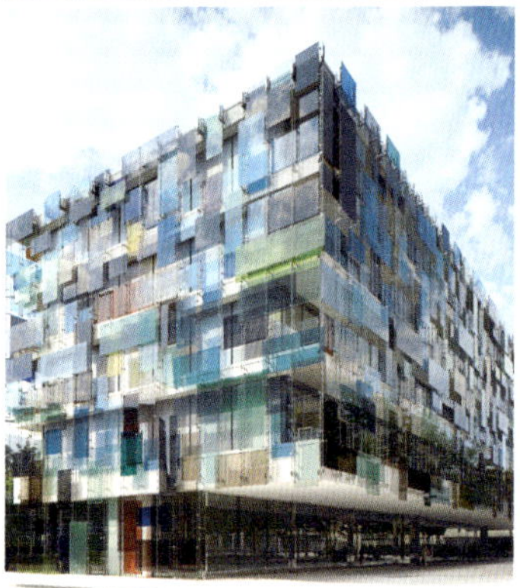

图 56
用直新镇区某汽车品牌旗舰店所采用的
磨砂玻璃效果与建议使用的玻璃色彩

玻璃

玻璃是现代建筑的特征要素,因其光滑、透明、反射光线的特性,与其表现出的明亮、挺拔、轻盈的视觉效果,在现代新区中广泛使用。玻璃原为透明无色材质,可借助现代技术的介入,实现多样多层次的色彩呈现。主要工艺包括夹层玻璃、镀膜玻璃、有色玻璃、丝网印刷玻璃以及半透明效果的磨砂玻璃、U型玻璃、玻璃砖等。

玻璃幕墙色彩的获取可通过如上的方式实现,另外可选用无色透明玻璃,内部设置彩色的遮阳卷帘、百叶、折叠遮阳板等,利用玻璃的透光性形成彩色的玻璃幕墙,最为简易,易于调节更换,色彩及质感、图案的选择性大。

用直新市镇的玻璃不宜选用高彩度的蓝色或绿色,可使用灰调调和;调研中发现的某汽车品牌旗舰店,采用了半透明的磨砂材质,内凹空间附加亮色块,半朦胧的效果,符合新江南的审美意象。

涂料

涂料是用直新市镇建筑外立面使用比较高的材料。涂料运用于建筑外墙,其最大优势在于能反映体块的变化,提供尽可能多的色彩,并可直接涂刷于砖砌体表面,增加质感;涂料饰面的成本以及施工技术的要求相对较低,运用得当,可获得低成本高产出的效果。但是,涂料缺憾在于不能提供太多的视觉细节,如果只采用单色,容易在建筑造型比较类同的空间集群里,形成单调乏味的视觉感知,因此,需要设计师通过体块组合、虚实对比、色彩对比、阴影分缝的方式推敲得出。

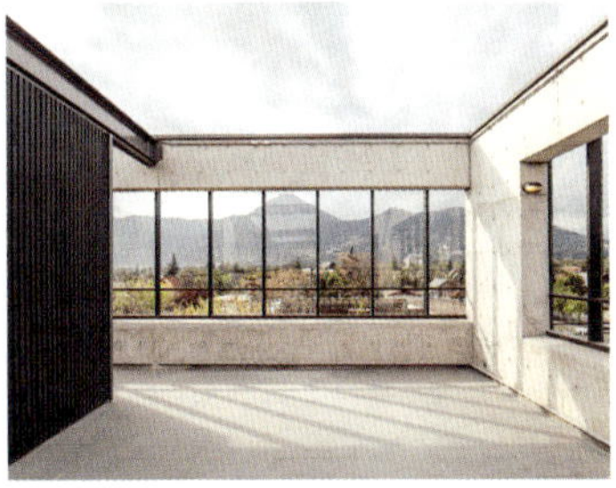

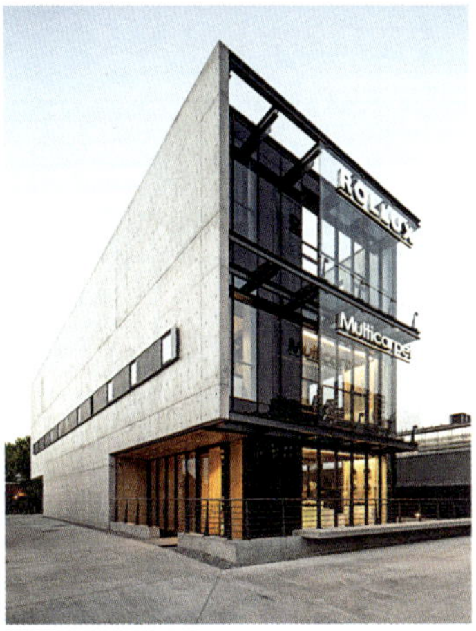

图 57

用直新镇区的意象的混凝土材质色彩表情

90

迪米切斯·考斯特（Dimitris Kottas）.
建筑设计师材料语言——混凝土 [M].
北京：电子工业出版社，2012：22.

预制混凝土外饰面

混凝土是一个古老的结构性材料，从古罗马时代即有运用，一般由水泥、砂子、石子等骨料和水构成，经过浇筑、养护、固化后形成坚硬的固体，构成混凝土的原料成分，合成比例的差异会形成不同性质及感官效果。

现代的混凝土开始从结构性材料往饰面性材料转换。以清水混凝土为例，它是未做掩饰其自身特点的抹灰、涂饰等外装饰的混凝土，形成真实、自然、质朴无华的视觉印象。有些表皮是经过精心打磨的混凝土，可形成细腻的东方审美的意蕴，表面不同肌理的处理、细节的交接、朴素的表情，符合江南的文化审美。

新型的 Litracon 的透光性混凝土，是光纤维与细致混凝土的结合，较小的纤维尺寸，类似小骨料混合进混凝土，玻璃纤维会使得光从两片石材的中间孔隙穿过，呈现对墙体清晰的倒影。[90]

金属板

金属板材在现代的厂房建筑中运用比较广泛。比如屋顶的波纹板、彩钢板或铝板加塑料涂层，建筑面板中常用的金属主要有钢、铝、铜、锌、不锈钢、钛及其合金。

与石材等天然材料相比，金属板很难形成时间感、历史感和厚重感，容易显得轻浮浅薄，但有些金属的老化，却会被视为材料的固有属性之美，比如铜。 另外，金属板可以有多种装饰样式，例如打孔、拉丝、格栅等，增加其表面的肌理纹样效果。

用直新镇区现状的大部分工业建筑，基本以彩钢板和简易波纹板

为主,有些因选用的是低廉的蓝色彩钢板,与水乡工业的气氛格格不入,在日后的更新改造中将被替换。另外,不提倡使用奇异的金属材料,以及表面高反光的金属材料。

金属风化腐蚀的色彩影响[91]　　　　　　　　　　　　表2

金属类别	新时颜色	新时反射率 (1= 低,5= 高)	十年后的老化结果
铝	中度灰	3	少许变化
铝(光面)	灰白	5	暗灰
碳钢	深灰蓝	2	红锈
青铜合金	红金	4	灰绿
铜	红棕	4	灰绿
镀锌钢	浅灰	3	灰白或自锈
铅	深灰	1	灰黑
铜镍合金	中度灰	5	棕色
镍银合金	灰黄	4	灰绿
不锈钢	灰白	4	无变化
锡	灰色	4	深灰
钛	中度灰	3	无变化
锌	灰蓝	4	深蓝或灰色

91
(美) 德贝尔. 建筑设计的材料表达
[M]. 朱蓉,译. 北京:中国电力出版社,
2008 : 157.

陶板

传统的江南水乡,青砖是其主要材料,但面砖因风化跌落易于伤人,因而,只能用于低楼层的立面。新材料陶板采用的是干挂式的面砖系统,类似石材幕墙的系统,环保、节能、防潮、隔音、透气、色泽丰富、持久如新。

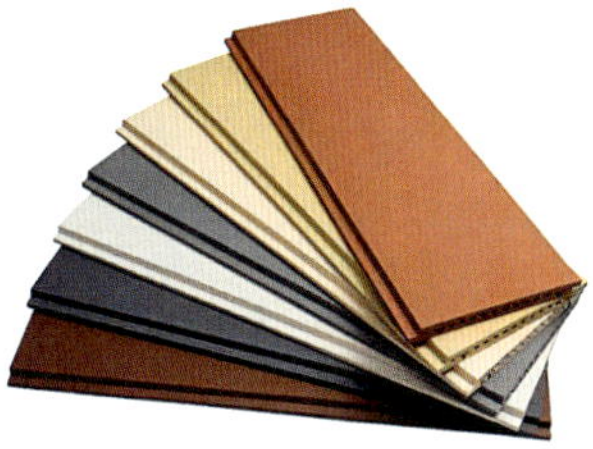

用直新镇区的意象的陶板材质色彩表情

陶板的原材料来自天然陶土,色彩是其经高温烧制后的自然表情,通常有红色、黄色、灰色三个色系。怀旧的材料,建议在新区使用,其可使得原本无太多时间积淀的新区体现出历史的分量感,呈现自然材质的质朴和亲和,并在肌理上与传统的青砖比较接近。

聚碳酸酯板

聚碳酸酯板,又称 PC 板,是采用挤出成型法制造的工程塑料板材,具有良好的透光性和超强的抗冲击性能,颜色常有无色透明、蓝色透明、绿色透明、茶色、乳白色等。与玻璃相比,聚碳酸酯板更容易塑形,色彩形状更具多样性,重量更轻。

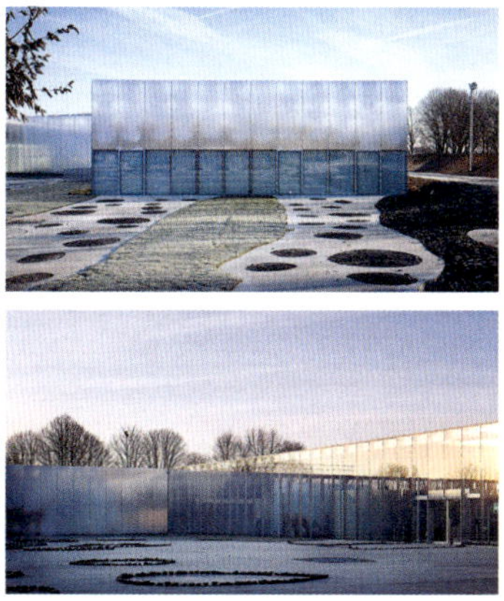

图 59

用直新镇区的意象的聚碳酸酯板材质色彩表情

如 SANNA 设计的卢浮宫朗斯分馆,采用的是打磨光滑的铝板与聚碳酸酯板结合的朦胧半透光造型,夜晚成为一个发光体。再如赫尔佐格与德穆隆设计的 Laban 舞蹈训练中心,其材料自身的半透明性,如磨砂玻璃般,呈现光线折射与反射的特殊语言,自然地半消隐在周遭环境中。

用直新市镇是用直未来形象的表征,应选择具有时代性特征的新型材料,但因现代材料色彩的选择范围甚是广泛,江南水乡的色彩是低彩度、中低明度的短调,因此,新材料的选择,要与江南地域性的特质相符合,传递出轻质、朦胧、半透明的新江南水乡的色彩意境。

5.4 "随类赋彩"

5.4.1 新市镇建筑的类型分析

类型分析,是笔者研究用直新市镇建筑对象的基本方式。以类型的方式,来分析新江南水乡的建筑色彩,可以规避本书在开篇所提及的用"黑白灰"三种颜色来粉饰建筑外立面这种简单粗暴的处理方式,"黑白灰"只是作为色彩采集的原型,并非类型。原型是为了复制相同,而类型恰恰是为了创造不同。因此,只有把握类型的根本属性,才可以在类型之外的具体细节上深化和多样,而这些细节是与每一个具体的建造时代相关的,并通过具体的材料语言,用"技"的方式加以实现。

中国古典画论即有"随类赋彩"一词,出自南朝谢赫的《六法》——"气韵生动、骨法用笔、应物象形、随类赋彩、经营位置、传移模写"。古人在传统绘画中,将对象的设色以"类"分,并非简单执着于固有色的仿真,而是顺从自然材质,去观察其非光影下的本质属性,提炼其特殊的格调,色彩的赋予与张力是其具备自身的独立性,强调气韵生动的整体本质。

与"随类赋彩"将色彩的物象概括化和类型化相比较,通过"传神"和"意似"来揭示事物的本质特征相一致观念的西方建筑学研究,其意义也在于类型,即形式背后永恒不变的东西。

笔者看来,"类"的定义并非单单指向具体的功能用途,而是游历或生活、生产于其间的人群的生活经验积累与美学想象,色彩将这种关系明晰呈现。

92

阿尔多·罗西是意大利"新理性主义"的建筑师，在 1960 年代将类型学的原理和方法用于建筑与城市，在建筑设计中倡导类型学，要求建筑师在设计中回到建筑的原型。其著作的《城市建筑学》对当代建筑理论产生重要的影响。

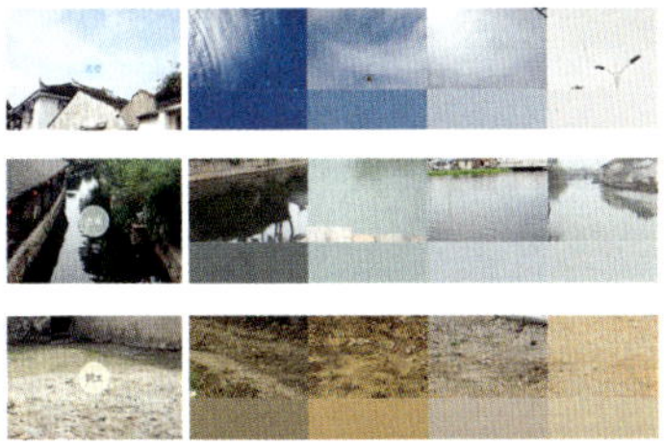

阿尔多·罗西[92]认为，类型其实是"生活在其中的人们的集体记忆，这种记忆是由人们对城市中的空间和实体的记忆组成的。这种记忆反过来又影响对未来城市形象的塑造……因为，当人们塑造空间时他们总是按照自己的心智意象来进行转化，但同时也遵循和接受物质条件的限制。"建筑的类型，不同于历史上的任何一种建筑形式，但又具有历史的因素，因此类型可以从历史中抽取，作为一种稳定的因素，是创造和想象的源泉。罗西色彩的理论首先指的是罗西着重色彩与建筑同构的历史性和地域性，是抽象化后的体现历史性的素材；并不是简单的色彩自身的历史性。在设计热那亚剧院的时候，为了与周边的环境和被保留的原有建筑相匹配，罗西很自然地选择了在当地最有代表性和历史意味的涂料——热那亚式的精细灰泥，按照罗西的建筑理论，这种颜色的涂料构成了热那亚这个城市里面人们的记忆。

图 60

用直地域性的自然环境色彩

乡镇建筑色彩的特点在于和土地的亲密程度。乡镇建筑的体量和尺度，以及所依托的景观环境背景，与土地比较接近，因此，可以找到更好的附着点。用直所在的大江南区块所特有的自然地貌环境，"兼葭苍苍""烟雨茫茫"，气候温润、潮湿，能见度低，多雨多雾，新镇区涵盖的是新江南水乡风貌的当代诠释。色彩心理文化的选择是低艳度、偏灰的、微妙、变化衔接的整体基调关系。

用直的主镇区是以古镇区为核心的，现状的大部分人口基本都生活在此范围内，包括用直原住民、外来务工者以及喜欢水乡文化、体验水乡氛围特色的游客。主镇区的产业是以古镇的旅游业为依托，辐射配套功能性生活街区，因此，色彩的类型定位是保留"粉墙黛瓦"的传统历史要素，优化现有建筑外观，与古镇风貌相协调一致，营造用直特色的经典水乡风貌，传递沧桑、古朴、厚重

的色彩意象。

用直的新镇区分为中心区与现代工业园区两大部分,是在原水网交错的平原上的全新建造。新镇区的中心区规划定位为"富含人性关怀,引领慢节奏休闲生活,展现地方文蕴的现代用直新镇"。未来生活在其中的人群包含回迁的原居民,喜欢现代感、高品质环境的大城市迁徙而来的中产阶级与养老、养生以及享受现代高品质配套的旅游者、度假者。该区域集住宅、商业、酒店、办公等于一体。

用直的新镇区与大都市的新城区不同,在经济、造价等条件的限制下,新镇的面貌在视觉上并非追求大城市中心区的标新立异,而是传统乡镇空间要素朴素的在地转化,并通过舒适的尺度、亲切的表情、安全的空间等方面的塑造来营造自由人性的新镇感受。现代建筑和新中式建筑风貌相结合,在新镇中展现新的旅游活力和价值,与古镇在文化内涵和空间视觉上紧密联系。在色彩规划的意象定位中,以"浅墨淡彩"为基调,打造高品质、慢生活的宜居型现代社区,营造整体温润、和谐、舒适、宜居的色彩氛围,摒弃高艳度的对比色。

用直新镇区的现代工业园区,通过招商引入的品牌企业,以现代工业的基础加工、物流运输以及高新研发产业为主导,兼具工业地产与商业中心功能。现代工业园区基本以外商投资者以及外来务工人员组成,营造出沉稳兼具活力的现代水乡工业区新形象。以"淡墨粉彩"为基调,体现工业区明快、效率、活力的色彩意象,并对现状工业区已有的高艳度的橙色进行调和。

131

5.4.2 新市镇建筑的色彩营造

在色彩学的认知角度,一般清晰的、能代表某种色彩特征的色彩构成原型,如果占到空间的 60%~70% 左右,那么色彩的整体风貌特色容易形成,并为当地人所接受。

再对用直主镇区、新镇区的中心区与工业产业区基于生产、生活于其中的人群经验的色彩美学想象的类型,进行有机"赋彩"。"赋彩"一词的借用,不是主观的随意赋色,而主要是根据场地内现存的建筑风貌、具体的材质表情,通过整体的色彩调和营造,挖掘用直内外的自然特质,修补本土传承的文化根基与形态特征,创造可持续发展并具独特地方感的人文胜地。并在此基础上,对用直未来新市镇的色彩导向给予定位。

用直新市镇紧扣"三区并举、三业并进、三旅融合"的发展导向,以水乡、新水乡和工业水乡为特色,打造江南水乡新典范。在传统江南水乡"粉墙黛瓦"的基础上,营造"水墨润彩"的总体色彩基调。

色彩规划愿景的总体趋势为:墙面主调色结合场地现有的建筑色彩关系进行调和,呈现滨水冷、内陆暖、西彩东素、中间过渡的节奏。用直主镇区基本是以低层或多层建筑为主,在人行视域范围内,屋顶的色彩占据一定比重,因此,与水乡古镇的屋顶色彩协调,以青黛色为主,新镇区的建筑基本是中高层为主,屋顶以平屋顶为多,在人行尺度未能目及,在人行主视域范围内基本是以墙面色为主体,因此屋顶色彩可控制在与墙面色彩一致的同色系里,并可适当考虑与屋顶绿化相结合,形成屋顶主调色整体趋势呈现西艳东素、中间过渡的趋势。

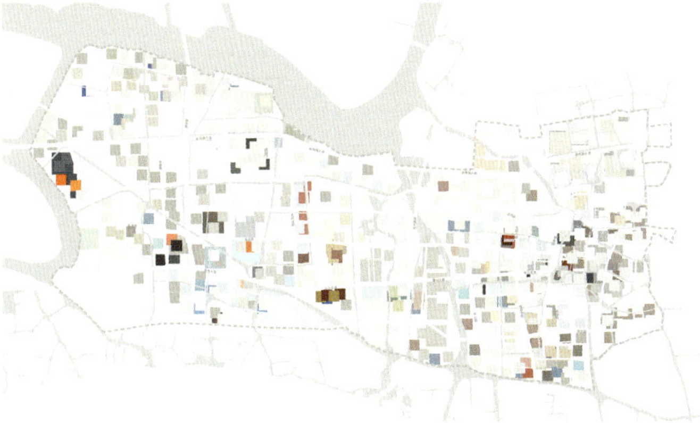

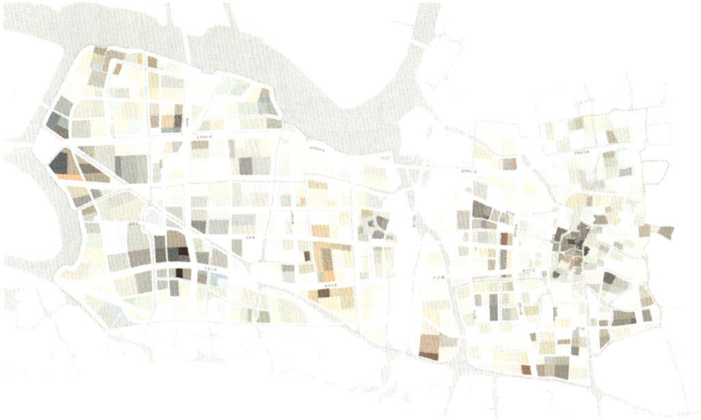

图 64

基于调研的现状色彩，破碎、分裂（上）与基于现状的规划分析调和的色彩关系（下）

用直新市镇色彩规划的总体结构可概括为：

主镇区——以中低明度、中低艳度的灰色系为主；屋顶主调以偏暖的深灰色系为主，墙面主调以略偏暖的黑白灰色系为主，辅调以酱色和原木色为主。

新镇中心区——以中低明度、中低艳度的暖彩灰色系为主；屋顶主调以中低明度的暖灰色系为主，墙面主调以暖灰色系为主，辅调以同色系衍变为主。

新镇工业园区——以中低明度、中高艳度点缀的彩色系为主；屋顶主调以中明度的暖灰色系为主，墙面主调以灰色系为主，辅调以中明度、中艳度的多彩色系衍变为主。

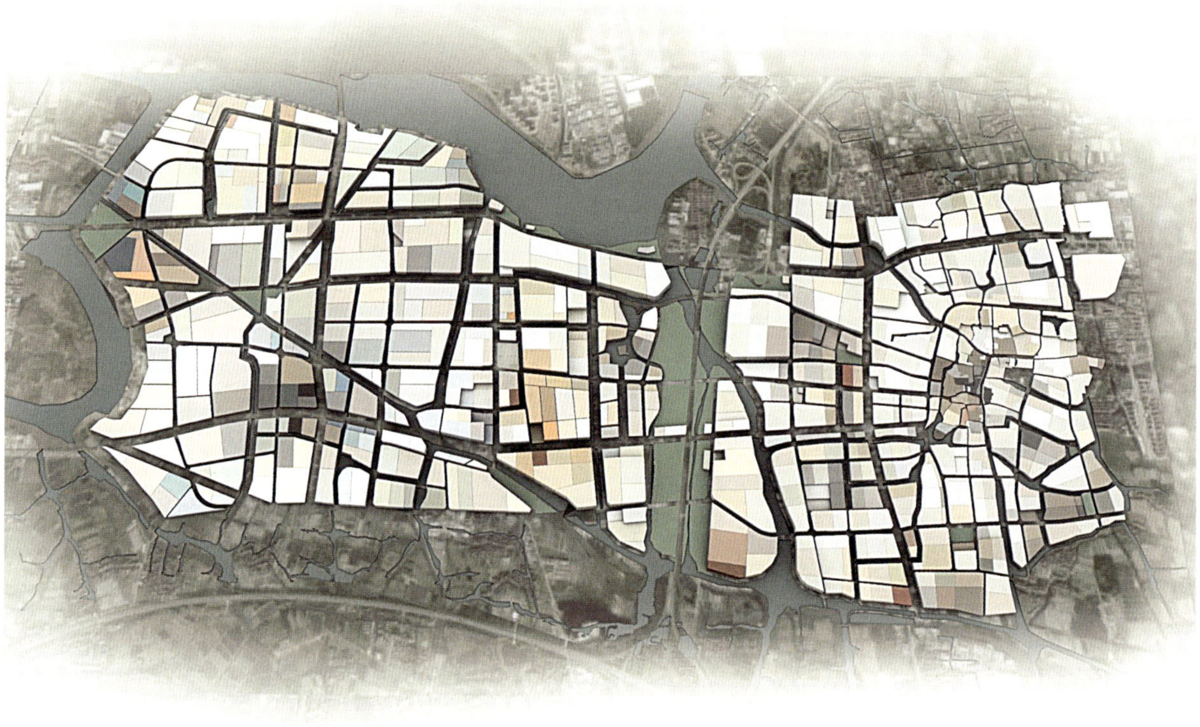

■ 图 65
用直新市镇的建筑色彩总体规划愿景图

■ 图 66
用直新市镇的建筑墙面色彩主调走势
分析

墙面色彩主调走势分析

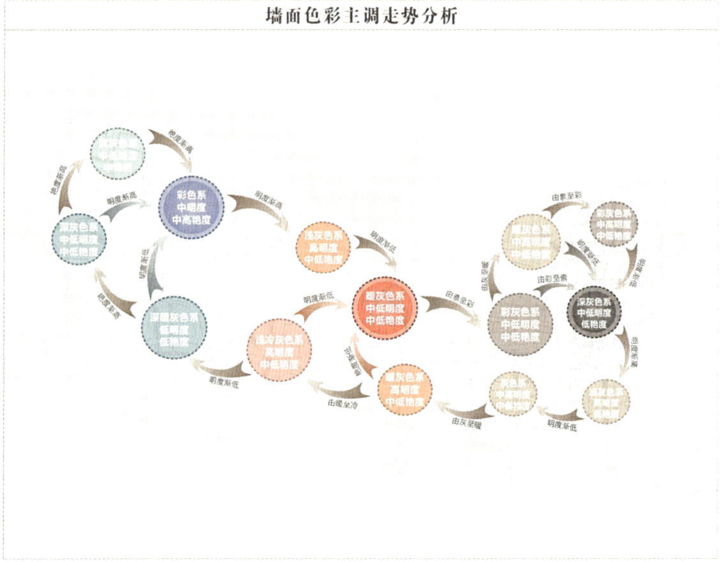

用直新市镇整体呈现由灰色向暖灰色再到彩色系的过渡趋势,结合场地内的功能类型该地区基本可以划分为历史保护建筑、公建、商业、居住、文化等 5 类。历史保护类建筑秉承"修旧如故"的原则,可采用传统的或是现代与传统风貌一致的新材料,与整体的风貌协调;公建类建筑,比如办公行政中心,传递的是亲民稳重的意象,因此,严禁使用高彩度及过多装饰的色彩,可采用材料的原色,同时延续城镇文脉,与传统的粉墙黛瓦的意象一致,并考虑到时代性及新的材料的运用;商业类建筑氛围活跃、热闹,但因归属于水乡古镇的范畴,不宜使用艳度过高的色彩,在以中低明度的暖灰色系为主的基础上,结合店招、店牌的设计,适度使用艳色作点缀;居住类建筑要营造宜人、温馨的家的归属感,因此,色彩应偏暖、素雅,宜采用比较柔和的暖灰复合色系;文化类建筑推荐使用青灰色、灰白色色系,细部可使用砖红、赭石色等中高明度的色彩作为点缀色,整体明快淡雅,同时又饱含一定的历史沧桑感,可使用陶板、聚碳酸酯板等新型材料。

上述的建筑类型的色彩与材料,并非绝对的教条定位,而是依据日常生活的人群集体的色彩想象进行的预设,对氛围有一个总体的把握,特殊场地的色彩方案可通过一事一议、深化讨论后实施。

用直主镇区的规划色彩控制

主镇区以古镇区为核心,以旅游业为依托,辐射配套功能性生活街区,色彩的类型定位是保留"粉墙黛瓦"的传统历史要素,传递沧桑、古朴、厚重的色彩意象。

主镇区历史保护镇区内建筑墙面主调以暖白色系或青砖为主,

屋顶主调以黛瓦为主，辅调可以以原木色、酱色和天然石材为主；公共建筑屋顶主调以偏暖的深灰色系为主，墙面主调以偏暖的黑白灰色系为主，辅调以中低艳度的彩暖色系为主；商业建筑屋顶主调以偏暖的深灰色系为主，墙面主调以偏点暖的黑白灰色系为主，辅调以低艳度的彩暖色系为主；居住建筑屋顶主调以偏暖的深灰色系为主，墙面主调以略偏暖的黑白灰色系为主，辅调以低艳度的暖彩色系为主；文化建筑屋顶主调以偏暖的深灰色系为主，墙面主调以略偏暖的黑白灰色系为主，辅调以低艳度的暖灰色系为主。

材料的选择以传统的土、木、砖、瓦、石为主，辅以与传统风貌一致的涂料、玻璃、陶板、面砖等现代材料。

图 67
用直主镇区建筑的规划色彩控制与配色建议

新镇区的中心区规划定位为"富含人性关怀，引领慢节奏休闲生活，展现地方文蕴的现代用直新镇"。未来该地区包含住宅、商

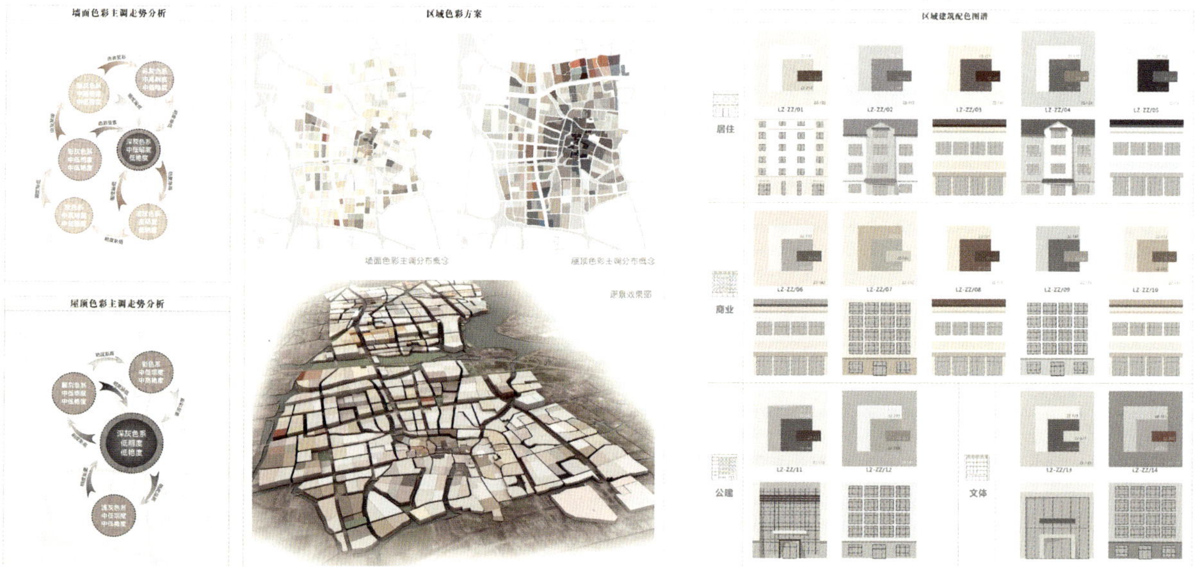

业、酒店、办公等多种功能,打造高品质、慢生活的宜居型现代社区,营造整体温润、和谐、舒适、宜居的色彩意象。

新镇区中心区的公共建筑屋顶主调以中明度的暖灰色系为主,墙面主调以中高明度的暖灰白色系为主,辅调以中明度、中艳度的多彩色系衍变为主;商业建筑屋顶主调以中低明度的暖灰色系为主,墙面主调以中低明度的暖灰色系为主,辅调以同色衍生为主;居住建筑屋顶主调以中明度的暖灰色系为主,墙面主调以中高明度的暖白偏黄色系为主,辅调以同色衍生为主;文化建筑屋顶主调以中明度的暖灰色系为主,墙面主调以中低明度的暖灰色系为主,辅调以中明度、中艳度的多彩色系衍变为主;工业建筑屋顶主调以中明度的暖灰色系为主,墙面主调以暖白灰色系为主,辅调以中明度、中艳度的多色系衍变为主。

材料的选择采用与水乡风貌意象一致的现代材料,公建、商业、文化建筑以涂料、石材、玻璃和聚碳酸酯板、清水混凝土等新材料为主,居住建筑以涂料、石材、面砖和玻璃为主。

新镇区的现代工业园区,为营造沉稳兼具活力的现代水乡工业区新形象,以"淡墨粉彩"为基调,体现工业区明快、效率、活力的色彩意象。

工业建筑屋顶主调以中明度的暖灰色系为主,墙面主调以暖灰偏白色系为主,辅调以中明度、中艳度的多彩色系衍变为主;公共建筑屋顶主调以中明度的暖灰色系为主,墙面主调以暖灰色系为主,辅调以中明度、中艳度的多彩色系衍变为主;商业建筑屋顶主调以中明度的暖灰色系为主,墙面主调以暖黄白色系为

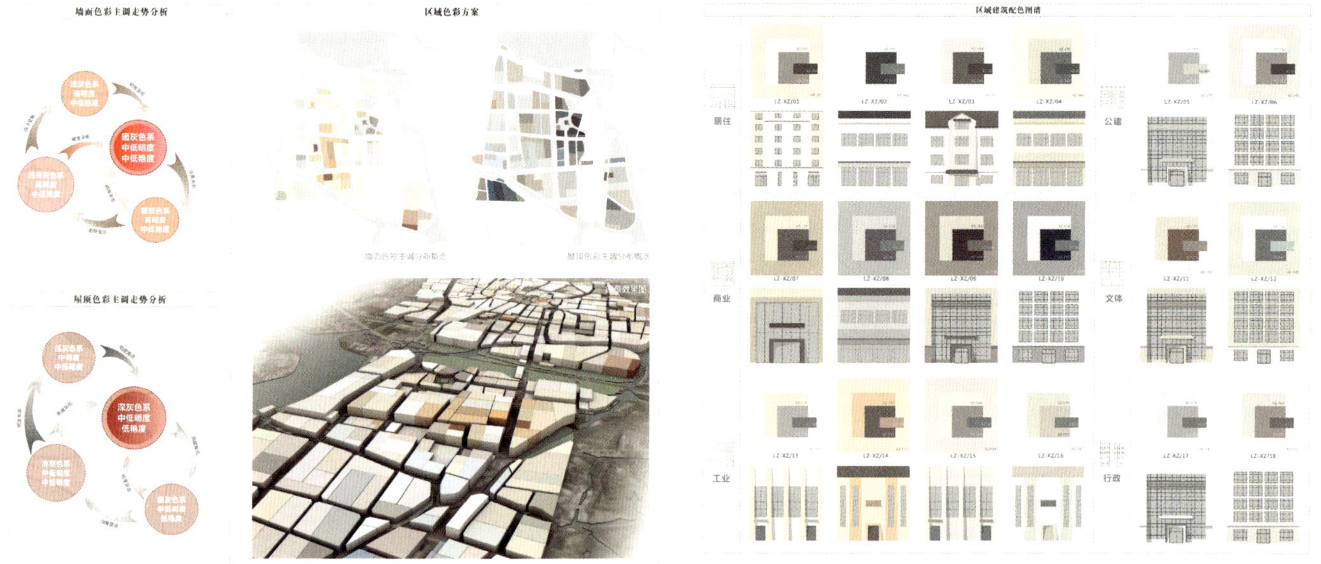

图 68

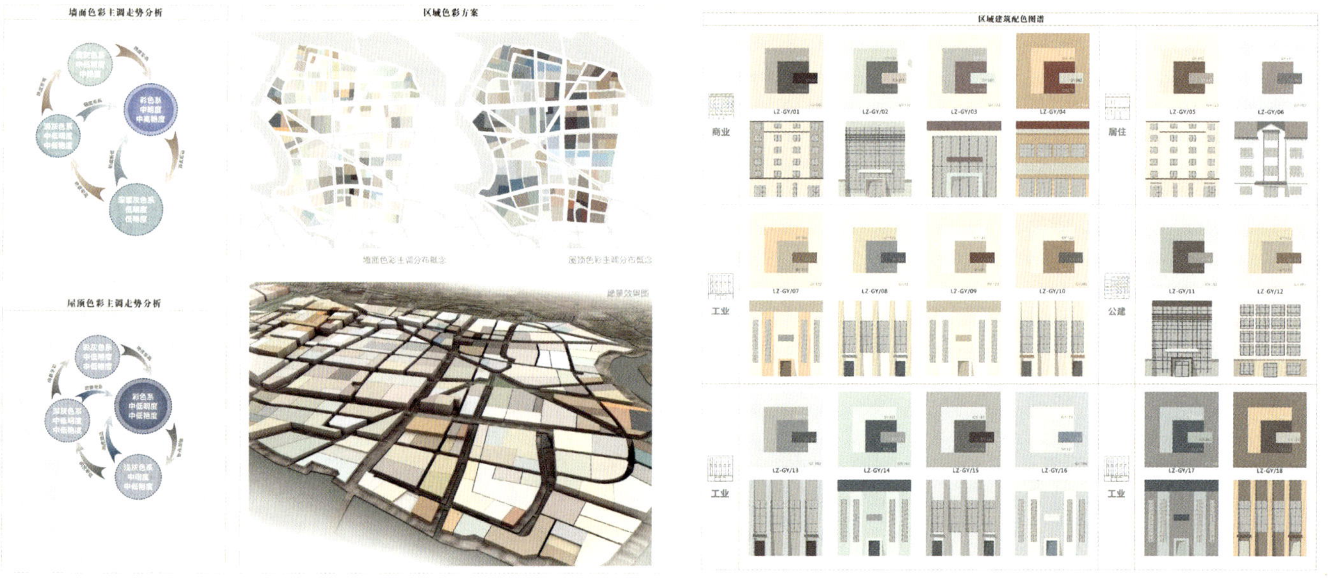

图 69

图 68
甪直新镇区中心区建筑的规划色彩控制与配色建议

图 69
甪直新镇区工业区建筑的规划色彩控制与配色建议

主，辅调以中明度、中艳度的多彩色系衍变为主。

材料的选择体现水乡工业新形象，工业建筑以涂料、玻璃以及新型金属板为主，适当点缀亮色。公建、商业建筑以涂料、石材、金属板、陶板和玻璃为主，也可以采用聚碳酸酯板等新材料。

5.5 色彩的未来算法

新市镇也是一个相对的时间概念,终有一天新市镇也会变成旧镇、古镇。用直新市镇的色彩营造不同于根植地域性材料建造的西炉古村,它是新区域未来形象的塑造,并与现代规划的诸多法则对接。因此,新镇区色彩的实施,有太多未知的因素考量,可借助计算机数字化的设计工具,数据互动的耦合开发,在总体诗性意象色彩控制下进行精准化对接。

伴随着中国近十几年快速发展的城市化进程,城市色彩规划已经建立了一套成熟的色彩规划和建筑色彩导则管理的理论方法体系,并呈现了以杭州、嵊泗"美丽海岛"等为代表的一批城乡色彩应用案例。同时,在色彩数字化研究方面,已建立的建筑色彩采样数据库基础,以及在数字化色彩交互设计、色彩组合规律和原则等方面都有了一定的突破。但同时也面临着诸多问题,如色彩研究大多仍集中于专业的色度学领域,以平面色彩构成的图示表达,色彩数据成果在现实的建筑场景应用未得到充分发挥,以及如何运用数字化手段进行城市色彩规划与管理等。

当下,随着互联网、大数据的迅猛发展,AI 技术在设计领域的应用也越来越广泛,根据需求可通过算法、数据和强大的计算能力来完善服务场景,以及可控的视觉生成,智能地进行控制。深度学习(Deep Learning)使人工智能技术在计算机视觉方面有很大的应用,尤其是卷积神经网络能更好地从局部信息块出发,进而描述图像的整体结构,其在机器学习和特征学习方面引发了一场革命,它无需人工提取特征,其网络可以根据输入自动学习特

征，且适于解决大数据分析问题。目前在色彩领域，人工智能已经运用到流行色彩和产品流行趋势的研究及发布上。

5.5.1 色彩算法的系统建构

新的人工智能技术，已经不仅仅是物我二元关系的问题，而是已经无孔不入地侵袭到我们的生活中，同时伴随发生的是一个全新的社会政治、经济、文化秩序和结构，并在过程中塑造着人的思维方式。技术已经不再是工具，而正渐成为人的新尺度与感知的新延伸。

人工智能的本质是思维模拟，即通过编制计算机程序，使计算机能表现出某些类似人的智能行为。其意义不仅在于让计算机模拟人脑进行思考、推理、学习、规划、设计等思维活动，还在于机器学习以及超出原有直接对数理计算、对照和模拟的范式，开始映射出一种类似人类才有的心灵意识而存在于机器人的程序。
色彩的未来算法，在于建构一个基于人工智能深度学习的建筑场景智能配色系统，将诸多色彩组成一定对比关系的色彩群组，在实际的三维空间场景得到具体的应用，达到色彩与形态在视觉审美上的耦合，并对现有的色彩规划实施方式进行有机迭代。

首先，建立深度卷积神经网络模型学习的架构，建筑色彩风格可来源于经典场景配色、城乡建筑色彩规划案例以及流行色搭配趋势等，并形成一个色彩风格 CNN 模型库。

其次，将色彩研究机构素材采集数据库、国内外标准建筑色彩色卡数据库、材料商建筑材料色卡数据等，整合成基于材料属性的色彩全样本数据库导入并形成可供算法的源数据。

141

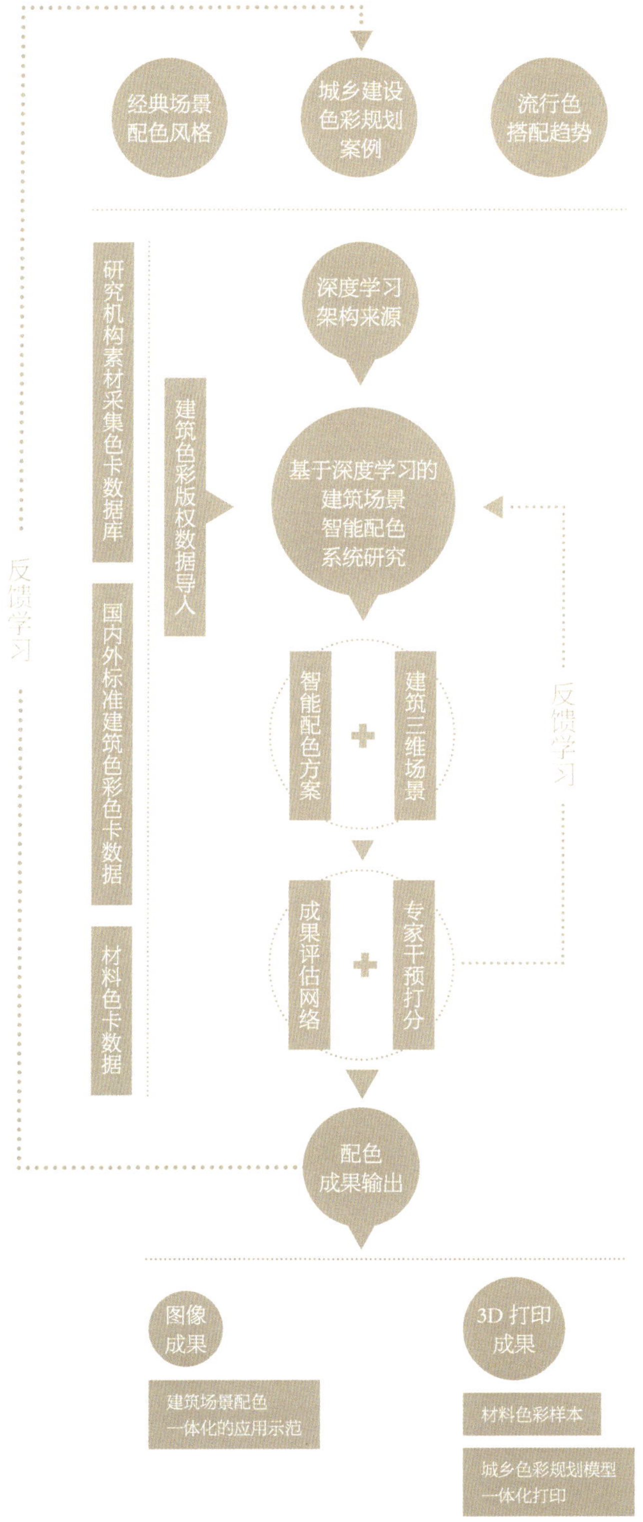

经典场景
配色风格

城乡建设
色彩规划
案例

流行色
搭配趋势

研究机构素材采集色卡数据库

建筑色彩版权数据导入

深度学习
架构来源

基于深度学习的
建筑场景
智能配色
系统研究

国内外标准建筑色彩色卡数据

反馈学习

智能配色方案 + 建筑三维场景

反馈学习

材料色卡数据

成果评估网络 + 专家干预打分

配色
成果输出

图像
成果

3D 打印
成果

建筑场景配色
一体化的应用示范

材料色彩样本

城乡色彩规划模型
一体化打印

图 70

基于人工智能深度学习的建筑场景智能配色系统的建构

142

在建构好深度学习架构和色彩全样本数据库前提的基础上,开始进行基于深度学习的城市色彩空间智能配色系统,建立深度卷积神经网络模型识别三维目标建筑物的语义内容。色彩语义表达问题从一维拓展到多维,提出了解决多维语义空间映射的新方式,并据此构造了基于多维情感语义的色彩意象捕捉技术,并将上述学习到的色彩风格迁移耦合到目标三维场景的建筑物上。

因这一学习架构仍处于初始的学习阶段,输出的成果需要评估网络,并结合专家的干预进行打分,如成果不通过,回溯系统往复学习;如成果通过,可通过图像与3D打印模型的方式,对成果进行直观的呈现。同时对于用户而言,通过"图像识色"等结合人工智能图像识别技术的新功能,将寻找中的材料样本拍张照片上传,即可从基于材料属性的色彩全样本数据库中搜索出色彩接近的材料,进行筛选。借助色彩材质开放的平台系统,这一案例成果同时可以反馈回最初的建筑色彩风格案例的源数据,并有机扩容,完成增量深度学习资源。

对设计师而言,学习色彩风格需要多年的积累,而将其应用于建筑物的色彩设计,无论是从平面到立体空间场景,还是从色度学基本原理、配色技巧的掌握到空间材质色彩的把握前期都需要处理很多烦琐的重复性的工作。而引入深度学习的目的是让算法自主快速地学习现有丰富的色彩风格来源,并将其迅速应用于目标建筑物的设计方案中。

人工智能提供的,不是计算机时代由数据堆砌和运算比较而得的"最佳"答案的一项工具,而是开拓设计中积极的不确定性,挖掘设计师思想的深层境界,探索未知与现实的潜在性。在突破经验、

逻辑和方法的同时,人工智能技术将会为设计师带来一系列前所
未有的启发。

5.5.2 未来导向的智能应用

色彩未来导向的智能应用,在于建构一个基于人工智能深度学习
的建筑场景智能配色系统,并完成如下的迭代转化。

1 从色彩家族谱系到以类型为意向的智能配色

"色彩家族"这一概念由法国色彩学家菲利普·朗科罗(Lenclos J.P.)
教授提出,基于色度学考量的维度,用来指那些具有相同色彩要
素属性的颜色群容易达到和谐的色彩搭配效果。"色彩家族"的
概念来源于色彩地理学的考察,是研究每一地域中民居的色彩表
现的方式与景观结合的视觉效果,以及在这些区域人们的色彩审
美心理及其变化规律,其"景观色彩特质"概念为城市色彩研究
奠定了基本理论。

以类型为意向的智能配色在于通过机器的深度学习,在充分调研
建筑所在场地色彩属性的基础上,从整体空间的氛围营造出发,
结合居住、商业、公建、行政、文体、工业等建筑功能,如从时间维
度诠释,可用历史、未来等词描述;从人性心理感知的维度,可用
温馨、效率、严肃等词;从地域的角度,可用东方、北欧、北美等场
景描述词,用风格化的方式遴选艺术史里经典作品的色彩类型,
从美学的角度来理解,建构空间特征和视觉特征构成的模型,并
将设计问题转化为数据问题,并为色彩领域不具专业素养的建筑
设计师提供一种色彩设计辅助思路。

2. 从平面配色图谱到立体空间场景的应用

现有的色彩导则图谱,主要由区域色谱、用色参数、推荐用色、区域功能分布和配色图谱构成。从色彩的色相、明度以及艳度的范围进行区间的限定,对给定的色彩指标有一个可浮动的范围区间,引导建筑师在弹性控制的范围内有创造性的设计。

因导则图谱专业性的表述,对于习惯于空间思维与不具备色彩专业素养的建筑师而言,会遭遇面对一堆色卡束手无策的尴尬情景,因此,城市色彩空间智能配色系统首先要解决的是空间立体场景的配色问题,直观地提供建筑对象的色彩三维模型样式,建立深度卷积神经网络模型识别三维目标建筑物的语义内容,并将上述学习到的色彩风格迁移耦合到该目标载体建筑物上。这会节省前期因取色、校色、比色等重复性表达工作,以及从概念思维到细节图纸,与各方沟通意见到设计修改等过程所耗费的时间与精力,并为设计师提供丰富的修改空间,人与算法互动,快速迭代出想要的效果。

3. 从施工选材的色彩控制到色彩全样本数据库的链接

现有的色彩导则图谱主要结合常用材料的色彩表情,进行用材比例的推荐。在建筑设计与施工的流程里,基本按照从效果图阶段确定材料样式和色彩属性,到最后的施工阶段确定材料的线性管理方式,如有变更,具体的材料及色彩采纳会有很大的限制。

现代化的建筑管理流程 BIM 的方式,将色彩研究机构素材采集数据库、国内外标准建筑色彩色卡数据库、材料商建筑材料色卡

数据等整合成基于材料属性的色彩全样本数据库,整合的线上色彩与材质 B2B 平台通过"图像识材"等结合人工智能图像识别技术,用户只需要对着样板材质拍张照片上传,便可从海量数据库储备中搜索出色彩一致的材质,并进行筛选,再与相关材料提供者对接,解决了色彩难以表述,线下选材有限的痛点,有效链接前端设计与后端材料供应的路径。

4 从色彩规划的专项管理到设计素养的自觉选择

现有的色彩规划,可以说是中国城市快速发展的产物,基本处在与中观层面的城市设计相平行的阶段,并作为宏观层面的总体规划与微观层面的建筑设计之间的衔接过渡。理论上,色彩规划需要规划部门的专项人员进行管理,但因人员编制的限定以及人员色彩素养的薄弱,使得这块的实际操作处于空缺状态。

随着色彩教育的逐渐普及渗透,以及设计师专业修养的逐步提升,一方面对于建筑色彩的判断力愈趋精准,另一方面因人工智能等介入,大数据统计工作可以帮助设计师把更多的时间和精力放在创作、研究领域,而不需要在重复性的工作上面耗费时间。因此,色彩已经变成每个设计师、管理者内在美学修养的一部分,成为设计素养的自我选择,原来硬性的色彩专项管理方式被化解为设计师本人的柔性认知。

结语

"命运绝没有把我们囚禁于一种昏沉的强制性中,逼使我们盲目地推动技术,或者——那始终是同一回事情——无助地去反抗技术,把技术当作恶魔来加以诅咒。相反地,当我们特别地向技术之本质开启自身时,我们发现自己出乎意料地被一种开放的要求占有了。"

—— 海德格尔(《技术的追问》)

现象学的主旨是"回到实事本身"。"实事本身"并不是在世界中存在的某一事物,而是指人与世界之间的关系。回归到场所精神的语境思考,海德格尔所批判的技术在于机械复制的时代艺术本真性的丧失,科学的抽象原理丧失了"重返于物"的整体性,割裂的二元。

人与技术的中介关系,表明技术并不是绝对的中立:一方面它可以扩展我们对世界的知觉,使世界以新的方式向我们呈现;另一方面它又简化了我们对世界的知觉。例如望远镜,可以让我们的视觉延展到更远的范围,但又过滤了气息、声响的回应,将知觉简化,正如海德格尔所言:技术以特殊的方式揭示了世界。

新的人工智能技术,已经不仅仅是物我二元关系的问题,而是已经无孔不入地侵袭到我们的生活中,同时伴随发生的是一个全新的社会政治、经济、文化秩序和结构,并在过程中塑造着人的思维方式。技术已经不再是工具,同时,在所有这些人与技术的关系

中,都隐藏着一种深刻的人类自我意识。人并不是仅仅通过自我反思来认识自我和世界的,更大程度上要通过技术来实现。人通过技术扩展了自身对自我和世界的知觉,且逐渐成为人的新尺度与感知的新延伸。

场所精神语境下的色彩是有深度内涵的,色彩不单单是表象粉饰,而是作为内在"活态生命体"的表象呈现,是背后深厚的社会结构与技术革命等诸要素推动的、由内而外地自发呈现的生态表征。

色彩本身具有直观的表意能力和对环境的感染力,有着开启视觉感知的属性,可依据场所对象的不同特征,揭示既有场地中环境的意义,再现秩序,并运用相对应的色彩语言与美学策略,"随类赋彩",营造特定的情境氛围。

同时,色彩是可以加以理性运用与逻辑控制的,但前提是要对城市、乡镇建筑色彩的发生规律有明确的认知,并对其构成的向度要素有一个清晰的判断,在此基础上梳理出一套行之有效的色彩管理与导向依据。

色彩之于场所精神研究的实质在于,以江南的乡镇建筑作为载体,如何守护、传承与创新这一沉潜的诗性人文资源,如何依据其内核机制,孕育出一种诗化的当代新美学。同时,以色彩作为切入点,以氛围场景的营造为核心,不再仅限于谈论表皮图像的精彩与否,而是源自于对"场所"的庄严敬畏与内核探究,使得对于色彩的理解具有一种还原的深度,而这种还原不是固守于色彩自身,而是一个有综合内在价值的集合,将场地的具体发生、集体记忆的日常积

累、材料属性的挖掘、建造逻辑的演绎、技术手段的更新等要素,置于场所精神多重向度中考量,具有现象学转向的本真内涵,涌现出整体的诗意美学,亦是人在天地间一种灵性的感应。

设计需要创造力和激情,在智能化快速发展的时代,对于设计师而言,有着更重要的任务:成为联结人工智能与人类智慧、虚拟空间与物质空间的核心,成为沉浸"场所"的思想者,以及具有拥抱未来新技术的勇气。

图片来源

编号	名称	资料来源
图 1	舟山嵊泗嵊山岛后陀湾的"绿野仙踪"实景	自摄
图 2	舟山嵊泗的边礁岙村的色彩改造前后对比	北斗星色彩研究所, http://www.colour-china.com/
图 3	陶特设计的法尔肯贝格新镇区的住宅	Bruno Taut : Meister Des Farbigen Bauens in Berlin
图 4	"Favela"贫民窟色彩改造后的面貌	https://favelapainting.com/PRACA-CANTAO-FP/
图 5	"水网平原""山丘缓溪""滨海河口"的江南民居色彩采集通过色立体体系判断,色彩基本沿明度轴变化,色相以暖灰色调为主	自摄、自绘
图 6	吴冠中与莫兰迪的绘画在色彩微差关系上的处理示例	(上)吴冠中. 耕耘与奉献: 吴冠中捐赠作品集 [M]. 北京: 人民美术出版社, 2009. (下)Giorgio Morandi 1890-1964: Nothing Is More Abstract Than Reality
图 7	同一个场地,不同色彩演绎的方式产生的不同氛围效果	自绘
图 8	江南"水网平原"的地景关系	https://baike.baidu.com/
图 9	时间在圣·本尼迪克特教堂的建筑立面记录下自然历史的色彩	Peter Zumthor: Buildings and Projects 1985-2013
图 10	南浔张石铭旧居的法式玻璃与拼花地砖	自摄
图 11	南非开普敦马来区与威尼斯彩色岛色彩的同与异	(上)https://www.amusingplanet.com/ (下)https://www.loveandoliveoil.com/
图 12	作为生命体征的表象呈现的色彩结构	许江. 中国美术学院 2010 年上海世博会项目研究图文集 [M]. 北京: 中国美术学院出版社, 2010.
图 13	中国建筑营造空间中的超稳定结构	潘谷西. 中国建筑史: 第 7 版 [M]. 北京: 中国建筑工业出版社, 2015.
图 14	弗兰姆普敦建构结构理性指向的劳吉埃尔的原始棚屋(上)与森佩尔的饰面建构原型(下)	弗兰姆普敦. 建构文化研究 [M]. 王俊阳, 译. 北京: 中国建筑工业出版社, 2007.
图 15	多彩的古希腊建筑复原图	约翰·罗斯金. 建筑的七盏明灯 [M]. 谷意, 译. 北京: 中国建筑工业出版社, 2012.
图 16	魏森霍夫住宅展之白色理性的外立面与色彩构成的内部空间	魏森霍夫博物馆, https://weissenhofmuseum.de/
图 17	柏林 IBA'87 建筑博览会之多元的建筑外立面色彩造型	Architecture and Urbanism (a+u) 1987 年 5 月临时增刊
图 18	柏林舒泽大街综合体改建项目的色彩与罗西的绘画色彩	(上)https://de.wikipedia.org/ (下)https://en.wikiarquitectura.com/
图 19	法国里尔美术馆改扩建的立面与德国安联足球场的立面,色彩都运用了光色原理	(上)https://divisare.com/ (下)http://www.visiteurope.com.cn/
图 20	色彩与形体双螺旋曲线发展的关系图	自绘
图 21	篱苑书屋的材料构造处理	李晓东工作室, http://lixiaodong.net/
图 22	绸墙的数字化建造工艺	(上)上海创盟国际建筑设计有限公司, http://www.archi-union.com/ (下)http://www.archcollege.com/

编号	名称	资料来源
图 23	古代雕版印刷的工作场景与金简设计的字模盒	金简.武英殿聚珍版程式 [M].杭州:浙江人民美术出版社,2013.
图 24	阿拉维纳设计的金塔蒙罗伊住宅,居民自己动手实现的中产阶层生活标准	https://arquitecturaviva.com/
图 25	柯布西耶的绘画用色与其于 1933 年设计的 KT 色卡	Le Corbusier's Secret Laboratory From Painting to Architecture
图 26	皮耶罗·德拉·弗朗切斯卡的绘画作品与构思中的建筑草图美学联想	(上)https://www.italian-renaissance-art.com/ (下)薛求理,周鸣浩.海外建筑师在上海"一城九镇"的实践——以"浦江新镇"的规划及建筑设计为例 [J].建筑学报,2007(3):24-29.
图 27	设计使用的外立面材质色彩表	薛求理,周鸣浩.海外建筑师在上海"一城九镇"的实践——以"浦江新镇"的规划及建筑设计为例 [J].建筑学报,2007(3):24-29.
图 28	巴拉甘建筑的色彩氛围营造	https://www.archdaily.com/
图 29	色彩之于场所精神的五个向度所建构的理论模型	自绘
图 30	"一城九镇"不同异域风情建筑的拼贴	刘勇.新市镇,新生活——解读上海"一城九镇"[J].公共艺术,2012(4):8.
图 31	浙南某玩具小镇高彩度的建筑外立面色彩表情	https://www.sohu.com/
图 32	仙居步路乡西炉杨梅村现状建筑色彩与风水格局	自绘
图 33	西炉古村的现状调研成果统计	自绘
图 34	以宁波滕头村等为例的新农村初期建设的图景,千篇一律的样式与色彩	https://zjnews.zjol.com.cn/
图 35	郑氏宗祠前的台阶暗含了其传统宗族的伦理秩序	自绘
图 36	西炉古村以郑广文后裔为主的族群分布分析图	自绘
图 37	西炉古村隐匿的超稳定结构分析	自绘
图 38	西炉古村更新的路网体系与功能组团	自绘
图 39	西炉古村超稳定结构的再更新	自绘
图 40	西炉古村现状屋顶、墙面、铺地色彩采集及构造生成关系	自绘
图 41	西炉古村现状的色彩基本组合构成图谱	自绘
图 42	西炉古村现状环境基质建筑类型	自绘
图 43	西炉古村总体色彩构成关系与结构秩序	自绘
图 44	西炉古村墙面色彩总体愿景	自绘
图 45	现状户型均以 4m 开间,窄面宽、长进深,以单栋、双拼、多联排方式布置	自绘
图 46	西炉古村有机更新的户型类型、材质选择与色彩表情	自绘
图 47	西炉古村有机更新后的整体色彩愿景	自绘
图 48	用直镇的区位图	自绘
图 49	用直古镇的水网分布图	《吴郡甫里志》

编 号	名 称	资料来源
图 50	用直古镇建筑墙面色彩丰富的肌理表情	自绘
图 51	用直旧镇现状改造的简单黑白化处理的色彩	自绘
图 52	用直新镇区现状分裂割据的色彩格局	自绘
图 53	用直新镇区产业园区的厂房建筑色彩	自绘
图 54	《用直镇城市设计导则》文本	《苏州城市色彩规划》文本
图 55	用直新镇区的整体规划图	https://suzhou.newhouse.fang.com/
图 56	用直新镇区某汽车品牌旗舰店所采用的磨砂玻璃效果与建议使用的玻璃色彩	https://dcvolvo.szcw.cn/ http://www.dienerdiener.ch/
图 57	用直新镇区的意象的混凝土材质色彩表情	https://www.archdaily.com/
图 58	用直新镇区的意象的陶板材质色彩表情	2http://www.yxwnkj.cn/ 1http://goods.jc001.cn/
图 59	用直新镇区的意象的聚碳酸酯板材质色彩表情	https://www.archdaily.com/
图 60	用直地域性的自然环境色彩	自绘
图 61	用直主镇区的建筑色彩配色方案	自绘
图 62	用直新镇区中心区的建筑色彩配色方案	自绘
图 63	用直新镇区工业园区的建筑色彩配色方案	自绘
图 64	基于调研的现状色彩,破碎、分裂(上)与基于现状的规划分析调和的色彩关系(下)	自绘
图 65	用直新市镇的建筑色彩总体规划愿景图	自绘
图 66	用直新市镇的建筑墙面色彩主调走势分析	自绘
图 67	用直主镇区建筑的规划色彩控制与配色建议	自绘
图 68	用直新镇区中心区建筑的规划色彩控制与配色建议	自绘
图 69	用直新镇区工业区建筑的规划色彩控制与配色建议	自绘
图 70	基于人工智能深度学习的建筑场景智能配色系统的建构	自绘

注:部分图片作者无法取得联系,先用图片,期盼宽谅。见书后,请与我们联系,以便寄呈图片使用费和样书,在此诚谢图片原作者。

参考文献

中文书籍

[1] 巢勋临本 . 芥子园画传 [M]. 北京：人民美术出版社，1960.

[2] 陈志华，李秋香 . 中国乡土建筑初探 [M]. 北京：清华大学出版社，2012.

[3] 陈彦青 . 观念之色—中国传统色彩研究 [M]. 北京：北京大学出版社，2015.

[4] 翟音 . 色彩设计 [M]. 杭州：中国美术学院出版社，2006.

[5] 丁俊清 . 江南民居 [M]. 上海：上海交通大学出版社，2008.

[6] 傅景华 . 黄帝内经素问 [M]. 北京：中医古籍出版社，1997.

[7] 郭红雨，蔡云楠 . 城市色彩的规划策略与途径 [M]. 北京：中国建筑工业出版社，2010.

[8] 苟爱萍 . 从色彩到空间：街道色彩规划 [M]. 南京：东南大学出版社，2010.

[9] 黄斌斌 . 城市色彩特色的实现：中国城市色彩规划方法体系研究 [M]. 杭州：中国美术学院出版社，2012.

[10] 姜澄清 . 中国色彩论 [M]. 甘肃：甘肃人民美术出版社，2008.

[11] 金观涛，刘青峰 . 兴盛与危机——论中国社会超稳定结构 [M]. 北京：法律出版社，2011.

[12] 刘沛林 . 古村落——和谐的人聚空间 [M]. 上海：生活 . 读书 . 新知三联书店，1997.

[13] 林徽因 . 林徽因文集 [M]. 北京：百花文艺出版社，1999.

[14] 楼庆西 . 雕梁画栋 [M]. 上海：生活·读书·新知三联书店，2004.

[15] 李允鉌 . 华夏意匠——中国古典建筑设计原理分析 [M]. 天津：天津大学出版社，2005.

[16] 楼庆西 . 乡土建筑装饰艺术 [M]. 北京：中国建筑工业出版社，2006.

[17] 梁思成 . 清式营造则例 [M]. 北京：清华大学出版社，2006.

[18] 边精一 . 中国古建筑油漆彩画 [M]. 北京：中国建材工业出版社，2007.

[19] 阮仪三 . 阮仪三与江南水乡古镇 [M]. 上海：上海人民美术出版社，2010.

[20] 梁漱溟 . 乡村建设理论 [M]. 上海：上海人民出版社，2011.

[21] 刘托，马全宝，冯晓东 . 苏州香山帮建筑营造技艺 [M]. 安徽：安徽科学技术出版社，2013.

[22] 彭怒，支文军，戴春 . 现象学与建筑的对话 [M]. 上海：同济大学出版社，2009.

[23] 邱旭光 . 泥土·印象——浙江土屋民居文化考 [M]. 江西：江西人民出版社，2014.

[24] 泉州市城乡规划局，中国美术学院色彩研究所.泉州城市色彩规划研究 [M]. 上海：同济大学出版社，2009.

[25] 童寯.江南园林志 [M]. 北京：中国建筑工业出版社，2014.

[26] 沈克宁.建筑现象学 [M]. 北京：中国建筑工业出版社，2008.

[27] 宋建明.造型设计基础 [M]. 上海：上海书画出版社，2000.

[28] 宋建明.色彩设计在法国 [M]. 上海：上海人民美术出版社，1999.

[29] 宋建明.阅读澳门城市色彩 [M]. 杭州：中国美术学院色彩研究所，2009.

[30] 王京红.城市色彩：表述城市精神 [M]. 北京：中国建筑工业出版社，2013.

[31] 文震亨.长物志 [M]. 北京：中华书局，2012.

[32] 许慎.说文解字 [M]. 北京：九州出版社，2001.

[33] 王文娟.墨韵色章——中国画色彩的美学探渊 [M]. 北京：中央编译出版社，2006.

[34] 许江，焦小健.具象表现绘画文选 [M]. 杭州：中国美术学院出版社，2002.

[35] 许江.世博·思博·视博——中国美术学院 2010 年上海世博会项目研究图文集 [M]. 杭州：中国美术学院出版社，2011.

[36] 张尧均.隐喻的身体——梅洛 - 庞蒂身体现象学研究 [M]. 杭州：中国美术学院出版社，2006.

[37] 左靖.碧山 [M]. 北京：金城出版社，2013.

[38] 郑小东.传统材料当代建构 [M]. 北京：清华大学出版社，2014.

中文论文

[1] 陈栋.中国传统建筑工艺遗产的原创性问题探讨 [J]. 同济大学国家自然科学重金资助项目，2008.

[2] 戴维·莱瑟巴罗.戈特弗里德·森佩尔：建筑、文本、织物 [J]. 史永高，译.时代建筑，2010（2）.

[3] 郭湖生.关于《鲁班营造正式》和《鲁班经》.科技史论文集.第七辑，1981.

[4] 解均.“五色”与“六彩”辨析 [J]. 国画家，2007（5）.

[5] 姜娓娓.建筑装饰与社会文化环境 [D]. 北京：清华大学，2004.

[6] 廖明君，刘士林.在江南探寻中国民族的诗性精神——刘士林教授谈录 [J]. 民族艺术，2006（3）.

[7] 李凯生.乡村空间的清正 [J]. 时代建筑，2007（4）.

[8] 李路珂.初析《营造法式》的装饰——材料观 [J]. 建筑师，2009（3）.

[9] 刘永.江南文化的诗性精神研究 [D]. 上海：上海师范大学，2010.

[10] 刘涤宇.《长物志》，材质所呈现的 [J]. 城市环境设计，2011（3）.

[11] 李晓东. 篱苑书屋 [J]. 世界建筑，2011（11）.

[12] 孟琳. 香山帮研究 [D]. 苏州：苏州大学，2013.

[13] 刘毅娟. 苏州古典园林色彩体系的研究 [D]. 北京：北京林业大学，2014.

[14] 聂晨. 复杂适应与互为主体——谢英俊家屋体系的重建经验 [J]. 时代建筑.2009（1）.

[15] 宋建明. 城市理想·色彩·文脉·发展和当代美术学院的作为 [J]. 建筑与文化，2008（4）.

[16] 宋建明，胡沂佳."看"与"见"——城市色彩研究专家宋建明教授访谈 [J]. 建筑与文化，2009（8）.

[17] 宋建明. 人文关怀与美丽乡村营造 [J]. 新美术，2014（4）.

[18] 宋建明，宋建文. 色彩在"象"与"数"之间转换——色彩设计数字化的实验探究 [J]. 装饰，2013（8）.

[19] 吴恩融，穆钧. 基于传统建筑技术的生态建筑实践——毛寺生态实验小学与无止桥 [J]. 时代建筑，2007（6）.

[20] 王群. 解读弗兰普顿的建构文化研究 [J]. 建筑与设计，2001（2）.

[21] 徐茂明. 江南士绅与江南社会 [D]. 苏州：苏州大学，2001.

[22] 徐茂明. 江南的历史内涵与区域变迁 [J]. 史林，2002（3）.

[23] 袁学军.《芥子园画传》中的山水画法式研究 [J]. 中国艺术研究院，2008（5）.

[24] 袁烽，何金. 多维逻辑下的数字化建造 [J]. 新建筑，2012（1）.

[25] 周振鹤. 释江南 [J]. 中华文史论丛，1998（49）.

中文译著

[1]（瑞士）彼得·卒姆托. 建筑氛围 [M]. 张宇，译. 北京：中国建筑工业出版社，2010.

[2]（美）德贝尔. 建筑设计的材料表达 [M]. 朱蓉，译. 北京：中国电力出版社，2008.

[3]（美）华莱士·斯蒂文斯. 坛子轶事 [M]. 陈东飚，译. 广西：广西人民出版社，2015.

[4]（美）杰克·德·弗拉姆. 马蒂斯论艺术 [M]. 欧阳英，译. 山东：山东画报出版社，2004.

[5]（美）柯林·罗. 拼贴城市 [M]. 童明，译. 北京：中国建筑工业出版社，2003.

[6]（美）刘易斯·芒福德. 城市发展史：起源、演变和前景 [M]. 宋俊岭，倪文彦，译. 北京：中国建筑工业出版社，2005.

[7]（法）列维·斯特劳斯. 野性的思维 [M]. 李幼蒸，译. 北京：中国人民大学出版社，2006.

[8]（英）兰姆·布里奥. 色彩——剑桥年度主题讲座 [M]. 刘国彬，译. 北京：华夏出版社，2011.

[9]（美）理查德·桑内特.肉体与石头：西方文明中的身体与城市 [M]. 黄煜文，译.上海：上海译文出版社，2011.

[10]（德）雷德侯.万物：中国艺术中的模件化和规模化生产 [M].张总，译.上海：生活·读书·新知三联书店，2012.

[11]（德）马丁·海德格尔.依于本源而居——海德格尔艺术现象学文选 [M].孙周兴，译.杭州：中国美术学院出版社，2010.

[12]（法）莫里斯·梅洛-庞蒂.知觉现象学 [M].姜志辉，译.北京：商务印书馆，2005.

[13]（法）莫里斯·哈布瓦赫.论集体记忆 [M].毕然，郭金华，译.上海：上海人民出版社，2002.

[14]（挪）诺伯·舒尔兹.场所精神——迈向建筑现象学 [M].施植明，译.武汉：华中科技大学出版社，2010.

[15]（美）斯文·诺芙.城市色彩——一个国际化视角 [M].屠苏南，黄勇忠，译.北京：中国水利水电出版社，2007.

[16]（俄）维克多·什克洛夫斯基.作为手法的艺术 [M]// 俄国形式主义文论选.北京：生活·读书·新知三联书店，2009.

外文资料

[1] C. Norberg-Schulz. Intentions in Architecture[M]. Olso and London,1963.

[2] Ebru Cubukcu, llker Kahraman.Hue, Saturation, Lightness, and Building Exterior Preference: An Empirical Study in Turkey Comparing Architects' and Nonarchitects' Evaluative and Cognitive Judgments[J]. Faculty of Engineering and Architecture, Department of Architecture,Yasar University, Izmir, Turkey, 2007.

[3] Gottfried Semper. The Four Elements of Architecture and Other Writings[M]. New York, Melbourne: Cambridge University Press, 1989.

[4] Gaston Bachelard. The poetics of Space[M]. Boston Beacon Press, 1995.

[5] Germano Celant, Diane Ghirardo. Aldo Rossi Drawings[M]. Skira, 2008.

[6] Hassan Fathy.Architecture for the poor[M]. Chicago：University of Chicago Press,1973.

[7] Jose Luis Caivano. Research on Color in Architecture and Environmental Design: BriefHistory,Current Developments,and Possible Future[J].COLOR Research And Application, 2006.

[8] Juan Serra.Three Color Strategies in Architectural Composition[J].Color Research Team, Heritage Restoration Institute, Polytechnic University of Valencia, Spain, 2011.

[9] Juan Serra.The Versatility of Color in Contemporary Architecture[J]. Color Research

Team, Heritage Restoration Institute, Polytechnic University of Valencia, Spain, 2011.

[10] Mary L. Buckley.Light, Color, and Poetry[D]. Pratt Institute School of Art and Design.New York, 1983.

[11] Mahshid Baniani, Sari Yamamoto.A Comparative Study on Correlation Between Personal Background and Interior Color Preference[D]. Faculty of Art and Design, University of Tsukuba, 1-1-1 Tennodai, Tsukuba, Ibaraki 305-8574, Japan, 2014.

[12] Quetglas J.Fear of glass:Mies van der Rohe's Pavilion in Barcelona[M]. Basel: Birkhauser, 2001.

[13] Sonia Prieto.The Color Consultant: A New Professional Serving Architecture Today in France[J]. COLOR Research And Application, 1995.

[14] Winfried Brenne. Rruno Taut── Master of Colourful Architecture in Berlin[M]. Braun Press,2013.